FORSCHUNGSBERICHT DES LANDES NORDRHEIN-WESTFALEN

Nr. 2565/Fachgruppe Hüttenwesen/Werkstoffkunde

Herausgegeben im Auftrage des Ministerpräsidenten Heinz Kühn
vom Minister für Wissenschaft und Forschung Johannes Rau

Prof. Dr.-Ing. Tarek El Gammal
Dr.-Ing. Ingo von Hagen

Institut für Eisenhüttenkunde
der Rhein.-Westf. Techn. Hochschule Aachen

Grundlagen der Raffination eines einfachen Baustahles nach dem Elektro-Schlacke-Umschmelzverfahren

Westdeutscher Verlag 1976

Gesamtherstellung: Westdeutscher Verlag

ISBN-13: 978-3-531-02565-0 e-ISBN-13: 978-3-322-88360-5
DOI: 10.1007/978-3-322-88360-5

Inhaltsverzeichnis **Seite**

Seite

1. Einleitung

Das Elektro - Schlacke - Umschmelzverfahren hat in den letzten Jahren einen sehr starken Aufschwung erfahren. Aus wirtschaftlichen Erwägungen wird es heute jedoch in der Industrie nur bei der Herstellung von Qualitätsstählen angewandt. Daher befaßt sich auch der weitaus größte Teil der durchgeführten Forschungsarbeiten mit metallurgischen und werkstoffkundlichen Untersuchungen an Edelstählen, die sich im Ausgangszustand schon durch eine gewisse Reinheit auszeichnen.

Da bei Verwendung von Edelstählen eine exakte Erarbeitung der metallurgischen Grundlagen auf Grund der vorhandenen Legierungsgehalte und der hohen Reinheit nicht gegeben ist, erfolgen die Untersuchungen dieser Arbeit mit einem unlegierten Baustahl der Güte St 33-1.

Neben dem Studium der bei diesem Sonderschmelzverfahren ablaufenden metallurgischen Reaktionen wird auch technologischen Untersuchungen wie z. B. Legieren, Umschmelzleistung, spez. Schlackenwiderstand und Tropfengröße Rechnung getragen.

2. Literaturübersicht

2.1. Verfahren

Der grundsätzliche Aufbau einer ESU - Anlage geht aus Abb. 1[1] hervor. Eine sich selbstverzehrende Elektrode des Ausgangsstahls wird durch eine flüssige, überhitzte Schlacke tropfenweise abgeschmolzen. Durch den Kontakt des Stahls mit der reaktionsfähigen heißen Schlacke ergibt sich eine sehr gute Raffinationswirkung,und durch die von unten nach oben gerichtete Erstarrung erfolgt eine weitere Verbesserung der Werkstoffeigenschaften.

Als Wärmequelle des Prozesses dient das Schlackenbad, das in schmelzflüssigem Zustand elektrisch leitend ist und bei Stromdurchgang durch Widerstandserhitzung die elektrische Energie in Wärmeenergie umwandelt.

Der gesamte Umschmelzvorgang findet in einer wassergekühlten Stahl- oder Kupferkokille statt, in der sich der durch die Schlacke tropfende Stahl sammelt. In Anlehnung an das Stranggußverfahren gibt es Entwicklungen, die kontinuierliches Umschmelzen mit beliebigen Blocklängen gestatten.

Die größte Bedeutung beim Umschmelzprozeß kommt der Schlacke zu, da in ihr alle energetischen und metallurgischen Vorgänge ablaufen. So muß sie sich während des Umschmelzens einerseits durch geeignete elektrische Leitfähigkeit auszeichnen, andererseits muß sie die metallurgischen Reaktionsabläufe d. h. chemische Umsetzungen und Abscheidungsvorgänge fördern, die für eine optimale Raffination erforderlich sind. Weiterhin soll sie den flüssigen Metallsumpf vor der Luftatmosphäre schützen.

Um beim Umschmelzen für spez. Energieverbrauch und Umschmelzleistung einerseits und Raffination und Werkstoffgüte andererseits optimale Bedingungen zu erzielen, sind ganz bestimmte Voraussetzungen hinsichtlich Stromstärke, Spannung, Schlackenmenge,

elektrischer Leitfähigkeit der Arbeitsschlacke und Abmessungen von Elektrode und Kokille einzuhalten. Als Wärmequelle kann sowohl Gleich- als auch Wechselstrom dienen, wobei bei Anwendung von Wechselstrom größere Vorteile gegeben sind. So ist hier eine stärkere Badbewegung vorhanden, die Neigung zur Lichtbogenbildung ist geringer und durch die sogenannte Elektrokapillarvibration, deren Entstehen auf die periodische Spannungsänderung des Stroms zurückzuführen ist, kommt es zu einer sehr intensiven Wechselwirkung an den Grenzflächen Elektrodenspitze - Schlacke und Schlacke - Sumpf. Außerdem treten bei Wechselstrom mögliche Elektrolyseerscheinungen, wie sie bei Gleichstrom gegeben sind, nicht auf.

Bei den Stromarten ist die Wahl für Stromstärke und Spannung, wie aus untenstehender Formel abzuleiten ist, von Bedeutung.

$$l = R \cdot \frac{F}{\rho} = \frac{U}{I} \cdot \frac{F}{\rho} \qquad (1)$$

R = Widerstand [Ω]
l = Abstand Elektrode - Sumpf [cm]
U = Spannung [Volt]
I = Stromstärke [A]
F = Elektrodenfläche [cm^2]
ρ = spez. Schlackenwiderstand [Ω · cm]

Da Elektrodenquerschnitt und spez. Schlackenwiderstand praktisch als konstant angesehen werden können, sind demnach Stromstärke und Spannung die wichtigsten Größen der Prozeßsteuerung. Dabei verhält sich der Abstand Elektrode - Sumpf zur Spannung direkt und zur Stromstärke umgekehrt proportional. Taucht die Elektrode auf Grund hoher Spannungs- oder niedriger Stromstärkewerte nur wenig in die Arbeitsschlacke ein, so besteht die Gefahr der Lichtbogenbildung. Ist der Abstand zwischen Elektrode und Sumpf dagegen gering, so kann es im Extremfall zur Berührung von Elektrode und Metallbad und damit zum Kurzschluß kommen.

Die Eintauchtiefe der Elektrode in die Schlacke hängt auch sehr stark von der Schlackenzusammensetzung und damit von ihrem spez. Widerstand ab. So ist nach Gleichung (1) - konstante Stromstärke und Spannung vorausgesetzt - die Eintauchtiefe der Elektrode umso größer, je geringer der spez. Widerstand durch die Schlackenzusammensetzung vorgegeben wird.

Abhängig von der Eintauchtiefe der Elektrode in die Schlacke ist die Form des flüssigen Metallbads. Es bildet sich umso tiefer aus, je kleiner der Abstand zwischen Elektrodenspitze und Metallsumpf ist. Im Zusammenhang mit der Ausbildung dieses Sumpfes steht das Kristallisationsverhalten des erstarrenden Blocks. Erstrebt wird ein flacher Metallsumpf, da in diesem Fall die Erstarrungsfront fast senkrecht zur Blockachse vom Blockfuß nach oben hin wandert, während bei tiefem Metallbad die Erstarrung ähnlich wie beim konventionellen Blockguß vom Kokillenrand zur Mitte hin verläuft.

Auch durch die aufgebrachte Schlackenmenge läßt sich die Ausbildung des Metallbads beeinflussen. Geringe Schlackenzugaben bewirken ein tiefes Bad, das umso flacher wird, je größer die Schlackenzugabe bemessen ist. Der Grund liegt in den bei gleichen elektrischen Daten unterschiedlichen mittleren Schlackentemperaturen.

Wie schon gesagt, ist die Schlackenzusammensetzung für das Umschmelzen von wesentlicher Bedeutung. So muß sich die Schlacke durch eine bestimmte Leitfähigkeit auszeichnen, die ein wirtschaftliches Umschmelzen in Abhängigkeit vom spez. Energieverbrauch gewährleistet. Weiterhin müssen die Raffinationsvorgänge gefördert werden, d. h. die Wahl der richtigen Schlackenkomponenten ist besonders zu beachten. Abb. 2[2] zeigt einige gängige Arbeitsschlacken, bei denen als Hauptkomponenten CaF_2, CaO und Al_2O_3 zur Anwendung kommen.

Die Ausgangselektroden können aus gegossenem oder gewalztem Material bestehen und beliebige Querschnittsformen haben. Das Verhältnis von Block- und Elektrodenquerschnitt liegt in der Regel bei 2 bis 5.

Der Elektrodendurchmesser schränkt zur Gewährleistung eines stabilen Umschmelzverlaufs die Größenordnung der zu wählenden Stromstärke ein. So sind unter Voraussetzung konstanter Spannung bei den jeweiligen Elektrodenquerschnitten nur ganz bestimmte Strombelastungen möglich (Abb. 3[4]). Abweichungen von diesen Werten führen zu einem instabilen Schmelzverlauf infolge Kurzschluß oder Lichtbogenbildung. Ein Vergleich des spez. Energieverbrauchs in Abhängigkeit von der Umschmelzleistung bei verschiedenen Elektrodendurchmessern zeigt, daß bei kleineren Elektrodenquerschnitten ein wirtschaftlicheres Umschmelzen gewährleistet ist (Abb. 4[4]).

2.2. Metallurgische Grundlagen

Die beim ESU - Verfahren auftretenden großen Berührungsflächen zwischen Stahltropfen und Schlacke von bis zu 300 m^2/t umgeschmolzener Stahl[5] - bei Elektroöfen sind es je nach Ofengröße nur 0,3 - 0,7 m^2/t[6] - lassen die Möglichkeit sehr intensiver metallurgischer Umsetzungen erwarten. Dabei interessieren in erster Hinsicht die Reaktionen, die zu einer Raffination des umzuschmelzenden Stahls führen.

<u>Schwefel:</u> Als einer der wesentlichsten Vorzüge dieses Umschmelzverfahrens ist die sehr gute Entschwefelungsmöglichkeit anzusehen. Je nach Schlackenzusammensetzung, Schlackenmenge, Stromart und Ofenatmosphäre sind nach Versuchen im Labor- und Industriemaßstab Entschwefelungsgrade bis über 80 % erreicht worden. Die besten Entschwefelungsergebnisse lagen unter CaO-reichen Schlakken[1,7,8,9] und bei Anwendung von Wechselstrom[10,11] vor.

Für die Entschwefelung von Eisenschmelzen mittels Schlacken ist die Schwefelverteilung zwischen dem Eisenbad und der Arbeitsschlacke von wesentlicher Bedeutung. Der Schwefel geht nach

$$[FeS] + (MeO) \rightarrow (FeO) + (MeS) \qquad (2)$$

in die Schlacke über. Die zugehörige Gleichgewichtskonstante ergibt sich wie folgt:

$$K = \frac{a_{FeO} \cdot a_{MeS}}{a_{FeS} \cdot a_{MeO}} \qquad (3)$$

Hieraus läßt sich das Schwefelverteilungsverhältnis $\eta_s = (S)/\,[S]$ ableiten:

$$\frac{(MeS)}{[FeS]} = \frac{K' \cdot (MeO)}{(FeO)} \qquad (4)$$

Anwendbar sind nur solche Metalloxide wie z. B. CaO, CeO und Na_2O, die mit dem Schwefel stabile, im Eisen unlösliche Sulfide bilden.

Nach obigen Gleichungen (2,3,4) sind die Bedingungen für eine gute Entschwefelung z. B. mit CaO wie folgt abzuleiten:

1. stark basische Schlacke, d. h. a_{CaO} groß
2. red. Bedingungen, d. h. a_{FeO} klein
3. Anwesenheit von im Eisen gelösten Elementen (C, P, Si), die die Schwefelaktivität erhöhen
4. große Schlackenmenge oder Schlackenwechsel
5. hohe Temperatur

Von besonderer Bedeutung ist der Einfluß des Eisenoxidgehalts in der Schlacke (Abb. 5[12]). Mit zunehmendem FeO-Gehalt tritt zunächst eine Abnahme des Entschwefelungsverhältnisses η_S nach Gl. (4) ein. Nach Durchlaufen eines Minimums ergibt sich bei höheren FeO-Gehalten jedoch wieder eine leichte Zunahme von η_S, die auf eine Entschwefelung über die Gasphase wie folgt zurückzuführen ist:

$$(CaS) + 4\ (FeO) \rightarrow (CaSO_4) + 4\ [Fe] \quad (5)$$

$$(CaSO_4) + 2\ (FeO) \rightarrow (CaO \cdot Fe_2O_3) + \{SO_2\} \quad (6)$$

oder

$$(CaSO_4) + (Fe_2O_3) \rightarrow (CaO \cdot Fe_2O_3) + \{SO_2\} + \tfrac{1}{2}\{O_2\} \quad (7)$$

nach[13]

Die Reaktion nach Gleichung (7) kann jedoch erst ablaufen, wenn ausreichend dreiwertiges Eisen in der Schlacke gelöst ist.

Bei entsprechendem Sauerstoffpotential der Ofenatmosphäre und hohen Schlackentemperaturen ist auch eine direkte Reaktion der in der Schlacke vorhandenen (S^{2-})-Ionen mit dem Luftsauerstoff möglich:

$$(S^{2-}) + {}^{3}/_{2}\ \{O_2\} \rightarrow \{SO_2\} + (O^{2-}) \quad (8)$$

Es ist jedoch noch nicht eindeutig geklärt, ob die Entschweflung hauptsächlich über die Schlacken- oder die Gasphase abläuft. Diese Frage ist von Bedeutung, denn eine Entschweflung über die Gasphase garantiert während der gesamten Umschmelzzeit einen konstanten Entschweflungsgrad, während es bei einer reinen Schlackenentschweflung durch die Anreicherung des Schwefels in der Schlacke im Laufe des Umschmelzvorgangs zu einer Verringerung der Entschweflungskraft und somit zu einer Schwefelzunahme über die Blockhöhe kommt.

Nach V.I. Kasin u. Mitarb.[7] sind beide Möglichkeiten gegeben. So erfolgt nach ihren Untersuchungen die Entschwefelung bei Umschmelzversuchen unter CaO-reichen Schlacken des Systems CaF_2 - CaO - Al_2O_3, unabhängig vom Sauerstoffgehalt der Ofenatmosphäre, nur über die Schlackenphase nach Gl. (2).

Wird dagegen unter CaO-armen (CaF_2-reichen) Schlacken umgeschmolzen, so verläuft die Entschweflung zum größten Teil über die Gasphase, und zwar umso stärker, je höher der Sauerstoffgehalt der Tiegelatmosphäre vorliegt. Der erste Schritt dieses Vorgangs erfolgt über die Schlackenphase nach Gl. (2). Der in der Schlacke gelöste Schwefel reagiert nun an der Phasengrenze Schlacken - Ofenatmosphäre mit dem Luftsauerstoff nach Gl. (8).

Zu ähnlichen Ergebnissen kommen W. Holzgruber u. Mitarb.[1] unter betrieblichen Bedingungen. Sie haben festgestellt, daß es bei Umschmelzversuchen mit CaO-Al_2O_3-Schlacken unter Luftzutritt nur zu einer geringen Entschwefelung über die Gasphase kommt. Zusätze von CaF_2 zu diesen Schlacken führen dagegen zu einer verstärkten Entschweflung über die Gasphase.

Im Widerspruch dazu stehen die Ergebnisse von C.K. Cooper u. Mitarb.[8]. Hier kommt es bei Schmelzversuchen unter Luft gerade bei Schlacken mit hohem CaO-Anteil zu einer Entschwefelung über die Gasphase, während sich bei Schlacken mit geringem CaO-Gehalt (< 10 %) der gesamte Entschwefelungsvorgang nur über die Schlackenphase vollzieht. Weiterhin ist den Versuchsergebnissen zu entnehmen, daß es mit fortschreitender Versuchszeit zu einem Anstieg des Schwefelgehalts im umgeschmolzenen Block kommt. Bei diesen Ergebnissen ist jedoch zu berücksichtigen, daß sie auf Versuchen mit Kokillendurchmessern von 16 mm und Umschmelzgewichten von maximal 700 g basieren. Somit können diese Ergebnisse nicht ohne weiteres auf die anderen Untersuchungen übertragen werden, bei denen in bedeutend größeren Aggregaten umgeschmolzen wurde.

B.I. Medovar u. Mitarb.[14] haben herausgefunden, daß beim Umschmelzen unter Argonatmosphäre geringere Entschweflungsgrade erreicht werden als unter Luft. Zu dem gleichen Ergebnis kommen V.V. Topilin u. Mitarb.[15], die unter Luft, unter Luftabschluß und unter N_2-Atmosphäre umgeschmolzen haben. Sie folgern daraus, daß die Entschweflung hauptsächlich über die Gasphase abläuft. A.C. Williams[16] spricht dagegen auf Grund seiner Untersuchungen nur von einer 75 %igen Entschweflung über die Gasphase.

Mit der Problematik der Entschweflung über die Gas- oder die Schlackenphase haben sich auch J. Hlineny und Z. Buzek[17] eingehend beschäftigt. Sie stellen fest, daß beim Umschmelzen unter Luftzutritt ein sehr großer Teil der Gesamtentschweflung über die Gasphase abläuft. Sie können an Hand ihrer Ergebnisse jedoch auch nicht eindeutig sagen, welcher Entschweflungsvorgang die Gesamtentschweflung begrenzt. Im Rahmen dieser Untersuchungen haben sie den sich zwischen CaF_2-haltigen Schlacken und dem umgeschmolzenen Stahl einstellenden Schwefelverteilungswert n_S unter ESU-Bedingungen bestimmt. Um eine mögliche Entschweflung über die Gasphase zu unterbinden, ist unter Schutzgas umgeschmolzen worden. Aus den Ergebnissen ist abzulesen, daß das Schwefelaufnahmevermögen derartiger Schlacken nicht sehr groß ist. So lösten sich in CaF_2-Schlacken mit 30 % Al_2O_3 maximal 0,183 % S und in CaF_2-Schlacken mit 20 % CaO bis zu 0,4 % S.

M. Wahlster u. Mitarb.[9] haben weiterhin festgestellt, daß Al_2O_3-Gehalte > 15 % in kalkhaltigen CaF_2-Schlacken eine Verringerung der Entschwefelung herbeiführen.

Sauerstoff: Der Sauerstoff liegt im Stahl zum größten Teil in Form oxidischer Einschlüsse vor. Durch das ESU-Verfahren werden diese Einschlüsse während des Umschmelzens teilweise von der Arbeitsschlacke aufgenommen. Nach M. Wahlster u. Mitarb.[9] ist dies besonders bei Schlacken des Systems CaF_2-CaO-Al_2O_3 der Fall. Dieser möglichen Verringerung des Sauerstoffgehalts durch das ESU-Verfahren steht jedoch der Sauerstoffanteil entgegen, der dem Stahl während des Umschmelzens von der Schlacke zugeführt wird. Je nach Versuchsdurchführung kann dieser Anteil so hoch sein, daß es anstatt zu einer Verringerung des Ausgangssauerstoffgehalts zu einem unerwünschten Anstieg kommen kann.

Der Übergang des Sauerstoffs aus der Tiegelatmosphäre in die Schlacke kann sich auf mehrere Arten vollziehen:

Der überwiegend größte Sauerstoffanteil wird über die die Ausgangselektrode bedeckende Zunderschicht in die Schlacke gebracht. Aus diesem Grund ist es vorteilhaft, die Elektrode vor dem Umschmelzen zu entzundern. Bei normalem Umschmelzen unter Luftzutritt kommt es jedoch durch die starke Wärmeabstrahlung der Schlacke kurz oberhalb der Schlackenoberfläche wieder wie folgt zu einer erneuten Verzunderung der Elektrode:

$$2\ Fe + \{O_2\} \rightarrow 2\ \langle FeO \rangle \qquad (9)$$

$$3\ \langle FeO \rangle + \frac{1}{2}\ \{O_2\} \rightarrow \langle Fe_3O_4 \rangle \qquad (10)$$

$$2\ \langle FeO \rangle + \frac{1}{2}\ \{O_2\} \rightarrow \langle Fe_2O_3 \rangle \qquad (11)$$

Das in der Schlacke gelöste zweiwertige Eisen kann über den Luftsauerstoff nach

$$2\ (FeO) + \frac{1}{2}\ \{O_2\} \rightarrow (Fe_2O_3) \qquad (12)$$

aufoxidiert und das in der Schlacke gelöste dreiwertige Eisen an der Elektrodenspitze nach

$$(Fe_2O_3) + Fe \rightarrow 3\ (FeO) \qquad (13)$$

reduziert werden.

Um eine erneute Verzunderung der Elektrode zu unterbinden, empfiehlt es sich, unter Schutzgasatmosphäre umzuschmelzen. Diese Maßnahme bringt außerdem den Vorteil mit sich, daß die Sauerstoffzufuhr, wie sie sich nach Gl. (12) ergibt, unterbleibt.

W. Holzgruber u. Mitarb.[1)] haben festgestellt, daß mit einer Verringerung des Sauerstoffpartialdrucks in der Ofenatmosphäre und bei bestimmten Schlackenzusammensetzungen niedrige Sauerstoffgehalte im umgeschmolzenen Block erreicht werden können. So ist ihren Untersuchungen nach eine Verringerung des Sauerstoffs durch Schlacken hoher Basizität zu erreichen, während nach M. Wahlster u. Mitarb.[9)] zwischen Endsauerstoffgehalt und Schlakkenbasizität kein Zusammenhang zu bestehen scheint.

Flußschlacken mit hohen Al_2O_3-Gehalten tragen wesentlich zu einer Erniedrigung des Sauerstoffgehalts im umgeschmolzenen Stahl bei[6,9,15)].

Für den sich zur Erreichung des thermodynamischen Gleichgewichts ergebenden Übergang des in der Schlacke gelösten Sauerstoffs in den Stahl bieten sich mehrere Möglichkeiten an. Bei in der Schlacke vorhandenem dreiwertigen Eisen ist z. B. ein Übergang des Sauerstoffs in den umgeschmolzenen Stahl bei gleichzeitiger Reduktion des Fe^{3+} zu Fe^{2+} wie folgt gegeben:

$$(Fe_2O_3) \rightarrow 2\ (FeO) + [O] \qquad (14)$$

Weiterhin besteht zwischen dem in der Schlacke gelösten Eisen-(II)-oxid und dem Sauerstoffgehalt einer Eisenschmelze das Gleichgewicht

$$L_{FeO} = \frac{(FeO)}{[O]} \qquad (15)$$

Dabei verschiebt sich dieses Gleichgewicht mit steigenden Temperaturen nach

$$\lg L_{FeO} = \frac{6320}{T} - 2{,}734 \qquad (16)$$

zu kleineren Werten, d. h. es findet ein verstärkter Sauerstoffübergang aus der Schlacke statt.

Andere in der Schlacke gelöste Oxide verlangen nach dem Verteilungsgleichgewicht entsprechende Legierungs- und damit auch Sauerstoffgehalte im Stahl, wie z. B.

$$(MnO) \rightleftarrows [Mn] + [O] \qquad (17)$$

$$(SiO_2) \rightleftarrows [Si] + 2\,[O] \qquad (18)$$

Dabei sind diese übergehenden Sauerstoffanteile umso höher, je größer das Sauerstoffpotential des jeweiligen Oxids ist.

Auch bedingt die Entschweflung über die Schlackenphase einen entsprechenden Sauerstoffübergang in den Stahl:

$$[S] + (O^{2-}) \rightarrow (S^{2-}) + [O] \qquad (19)$$

Eine weitere Steigerung des Gesamtsauerstoffgehalts ist dadurch gegeben, daß im Stahl gebildete Oxide nicht in die Schlacke übergehen, sondern sich aus energetisch günstigeren Gründen (d. h. Einsparung von Oberflächenenergie) an bereits im Stahl vorhandene Oxide anlagern. Damit ändern sich die Eigenschaften der Oxidkörper, und zwar besonders ihre Fähigkeit, sich aus der metallischen Phase abzuscheiden[7].

Stickstoff: Die Löslichkeit des Stickstoffs im Eisen folgt dem bekannten Sievertschen Quadratwurzelgesetz:

$$[N] = K' \cdot \sqrt{p_{N_2}} \qquad (20)$$

Da bei den meisten Stahlherstellungsverfahren wie auch beim ESU-Verfahren der flüssige Stahl mit einer isolierenden Schlackenschicht bedeckt ist, wird die Stickstoffaufnahme aus der Ofenatmosphäre stark gehemmt. Über eine mögliche Verringerung der Stickstoffgehalte bestehen noch widersprüchliche Angaben. Neben Untersuchungen, die bei Abwesenheit von Nitridbildnern von einer möglichen Stickstoffabnahme von 40 - 60 % sprechen[3,18,19], haben andere Forscher einen gleichbleibenden Stickstoffgehalt beim Umschmelzen festgestellt[20,21]. Es werden keine Angaben darüber gemacht, welche Bedingungen, d. h. Schmelzführung, Schlackenführung, Ofenatmosphäre u. a., ein Senken des Stickstoffgehalts ermöglichen.

Wasserstoff: Der größte Teil des im Stahl gelösten Wasserstoffs ist auf den in der Ofenatmosphäre vorherrschenden Wasserdampfpartialdruck zurückzuführen. So löst sich der Wasserstoff in den Schlacken in oxidischer Form wie folgt:

$$\{H_2O\} + (O^{2-}) \rightarrow 2\ (OH^-) \qquad (21)$$

Dieser Übergang läßt sich ziemlich genau durch die Gesetzmäßigkeit

$$(OH^-) = K_{H_2O} \sqrt{p_{H_2O}} \qquad (22)$$ [22,23]

beschreiben. Die Schlackenzusammensetzung ist dabei von

wesentlicher Bedeutung, denn mit steigender Basizität ist eine Zunahme der in der Schlacke gelösten (OH^-)-Ionen verbunden.

Nach

$$(Fe^{2+}) + 2\ (OH^-) = Fe + 2\ [O] + 2\ [H] \quad (23)$$

oder

$$Fe + 2\ (OH^-) = (Fe^{2+}) + 2\ (O^{2-}) + 2\ [H] \quad (24)$$

oder

$$2\ (OH^-) = (O^{2-}) + [O] + 2\ [H] \quad (25)$$

(23)–(25) nach 22,24)

geht der in den Schlacken gelöste Wasserstoff in den Stahl über. Neben dem Wasserdampfpartialdruck in der Ofenatmosphäre wirkt sich auch die in den Arbeitsschlacken (besonders bei Schlacken mit einem hohen CaO-Anteil) zu Beginn vorhandene Feuchtigkeit stark aus.

Diesem während des Umschmelzens in den Stahl übergehenden Wasserstoffanteil steht der Anteil entgegen, der durch die bei der Kochreaktion entstehenden CO-Blasen aus dem Metallsumpf gespült wird. Auch ist bei geringerem Wasserstoffpartialdruck in der Ofenatmosphäre und hohem Wasserstoffgehalt im Ausgangsmaterial eine Verringerung des Wasserstoffgehalts über folgende Teilschritte möglich:

$$Fe + 2\ [O] + 2\ [H] \rightarrow 2\ (OH^-) + (Fe^{2+}) \quad (26)$$

$$2\ (OH^-) \rightarrow \{H_2O\} + (O^{2-}) \quad (27)$$

Es sind Ergebnisse über eine deutliche Senkung des Wasserstoffgehalts erzielt worden[3,19,21,25]. Hierbei ist jedoch zu berücksichtigen, daß die Ausgangsgehalte zum Teil mit 7 - 10 $cm^3/100$ g und die nach dem Umschmelzen vorliegenden Gehalte mit 4 - 6 cm^3 noch beträchtlich über dem kritischen Wasserstoffgehalt von 3 cm^3/100 g liegen. Bei Ausgangsgehalten unter 1 cm^3/100 g kommt es dagegen zu Wasserstoffaufnahmen im umgeschmolzenen Stahl[9,26]. Die Ursachen liegen hier in dem in den Arbeitsschlacken vorhandenen Hydratwasser (Abb. 6[9]) und in der Luftfeuchtigkeit.

J.W. Latasch u. Mitarb.[27] haben festgestellt, daß sich durch ein Umschmelzen unter Argonatmosphäre mit vorgeschmolzenen Arbeitsschlacken des Systems CaF_2-Al_2O_3 sehr geringe Wasserstoffgehalte im umgeschmolzenen Stahl erzielen lassen.

Legierungsabbrand: Das Umschmelzen nach dem ESU-Verfahren ist auch mit anderen unerwünschten Begleiterscheinungen verbunden. So kommt es während des Schmelzverlaufs zu einer teilweisen Oxidation der Legierungselemente des Ausgangsstahls. Der Grad der Verschlackung ergibt sich aus der Sauerstoffaffinität der Legierungskomponenten und aus dem Sauerstoffpotential der Schlacke. Dabei weisen FeO und MnO, wie aus dem Diagramm nach F.D. Richardson und J.H.E. Jeffes (Abb. 7[28,29]) abzulesen ist, im Verhältnis zu vielen anderen in Schlacken verwandten Oxiden ein relativ großes Sauerstoffpotential auf, während z. B. die Oxide der Elemente Al und Ti auf Grund der sehr großen Sauerstoffaffinität ein bedeutend kleineres Sauerstoffpotential haben.

Die in Abb. 7 angeführten Kurvenverläufe gelten für reine Oxide, d. h. die Aktivität der Oxide ist gleich 1. Verdünnungen der Oxide verschieben die Geraden - wie aus Gleichung (28) abzulesen ist - zu geringeren Sauerstoffpotentialen, d. h. die Bereitschaft der Oxide, ihren Sauerstoff abzugeben, wird geringer. Demnach ist die Aktivität der Oxide - hier besonders des FeO - von sehr großer Bedeutung. Niedrigere FeO-Aktivitäten bewirken einen geringeren Legierungsabbrand.

$$R \cdot T \cdot \ln p_{O_2} = \Delta H^o - T\,(\Delta S^o - R \cdot \ln \frac{a_{MeO_2}}{a_{Me}}) \qquad (28)$$

Wie Abb. 8[30] zeigt, ist der Aktivitätskoeffizient und damit die Aktivität des FeO in CaF_2-CaO-FeO-Schlacken mit geringen CaO-Anteilen sehr hoch, verringert sich jedoch mit steigendem CaO-Anteil beträchtlich, da FeO mit CaO eine Verbindung eingeht. Zugaben von Al_2O_3 führen jedoch wieder zu einer Erhöhung von a_{FeO}, da das Al_2O_3 das FeO aus seiner Verbindung mit dem CaO verdrängt.

Über die Größe der Manganoxidaktivität in CaF_2-CaO-Al_2O_3-MnO-Schlacken liegen keine Angaben vor. Untersuchungen über die Aktivität des MnO in CaF_2-CaO-MnO-Schlacken zeigen, daß schon bei geringen MnO-Gehalten in derartigen Schlacken beträchtliche Aktivitätswerte für MnO vorliegen (Abb. 9[31]). Versuche, die Aktivität des MnO in CaF_2-Al_2O_3-MnO-Schlacken zu bestimmen, konnten nicht durchgeführt werden, da sich während des Versuchsablaufs die Schlackenzusammensetzungen änderten.

Einen wesentlichen Einfluß auf den Legierungsabbrand übt die Versuchstemperatur aus. So ist z. B. im Hinblick auf das Verhalten von im Stahl gelöstem Mangan unter FeO-haltigen Schlacken mit steigender Temperatur eine Abnahme der Gleichgewichtskonstanten K_{Mn} zu verzeichnen (Abb. 10[32]), d. h. die Reaktionsgleichung

$$(FeO) + [Mn] \rightarrow (MnO) + [Fe] \qquad (29)$$

wird nach links und damit zu einer geringeren Manganverschlakkung verschoben.

Beim ESU-Verfahren ergeben sich die größten Schwierigkeiten beim Umschmelzen von titan- und aluminiumlegierten Stählen. Durch die hohe Sauerstoffaffinität des Titans und Aluminiums liegen die Verluste bei über 80 %[21,26,33,34]. Zur Vermeidung derartig hoher Titan- und Aluminiumabbrände müssen besondere

Vorkehrungen getroffen werden. So haben B.I. Medovar u. Mitarb.[35] die FeO-, MnO- und SiO_2-freien Arbeitsschlacken vor Gebrauch geröstet, die Elektroden entzundert und während des Umschmelzens Argon in die abgedeckte Kokille eingeleitet.

Ähnlich vorgegangen sind H.F. Klärner u. Mitarb.[36], A.F. Tregubenko u. Mitarb.[21], die reines CaF_2 als Arbeitsschlacke benutzt haben, und G. Holfert u. Mitarb.[34], die unter Zusatz von bis zu 20 % TiO_2 zur Arbeitsschlacke umgeschmolzen haben.

Der Abbrand anderer Elemente wie z. B. des Siliziums und Mangans liegt in bedeutend geringeren Bereichen, so daß zu ihrem Schutz keine so aufwendigen Vorkehrungen getroffen werden müssen. Hier ist besonders darauf zu achten, daß die Eisenoxidgehalte in der Schlacke möglichst gering sind. Weiterhin sind ganz bestimmte Voraussetzungen hinsichtlich der Schlackenzusammensetzung zu erfüllen. So nimmt der Siliziumabbrand bei Al_2O_3-freien Schlacken mit steigender Basizität sehr stark zu[1,9,16,37]. Bei einem Basengrad von 2,7 liegt er bei fast 80 %. Eine Zugabe von Al_2O_3 zur Arbeitsschlacke führt dagegen zu einer Verringerung des Siliziumabbrands[9].

Für den Manganabbrand trifft genau das Gegenteil zu. Er läuft verstärkt ab unter Arbeitsschlacken mit Basizitäten < 2[1,9] und steigenden Al_2O_3-Gehalten[9]. Wird eine völlige Unterdrückung des Silizium- und Manganabbrands angestrebt, so sind auch hier Schutzmaßnahmen anzuwenden.

Neben Argonatmosphäre und geeigneter Schlackenzusammensetzung kann der Abbrand noch durch die Umschmelzgeschwindigkeit verringert werden. So hat z. B. Y.V. Latasch[37] nachgewiesen, daß mit steigender Stromstärke eine Abnahme des Manganabbrands verbunden ist. Y.V. Latasch führt den geringeren Abbrand auf eine größere Eintauchtiefe der Elektrode in die Schlacke und auf die damit verbundene geringere Oxidation der Elektrodenspitze zurück.

<u>Legieren:</u> Neben der Raffination und der damit verbundenen Verbesserung der mechanischen Eigenschaften ist beim ESU-Verfahren weiterhin die Möglichkeit gegeben, während des Umschmelzens aufzulegieren. So kann z. B. ein Auflegieren über die Schlacke mittels des Verteilungsgleichgewichts oder aber durch das Umschmelzen mehrerer Elektroden unterschiedlicher Zusammensetzung erfolgen.

Bisher liegen nur wenige Ergebnisse über eine erfolgreiche Durchführung derartiger Versuche vor. So hat A.C. Williams[16)] nachgewiesen, daß sich ein Zulegieren von Chrom über eine Cr_2O_3-haltige Schlacke mit Erfolg verwirklichen läßt. Bei einer Schlacke aus fünf Teilen CaF_2 und einem Teil Cr_2O_3, der durch kontinuierliche Zugabe während des Umschmelzprozesses ungefähr konstant gehalten wurde, löste sich bis zu 1,62 % Chrom im umgeschmolzenen Stahl. Gleichzeitig kam es jedoch neben einer Erhöhung des Gesamtsauerstoffs im umgeschmolzenen Block zu einem starken Abbrand der im Ausgangsstahl vorliegenden Legierungselemente. So verringerte sich der Siliziumgehalt um über 90 % und der Mangangehalt um 75 %. Auch durch eine gleichzeitige Graphitzugabe von ungefähr 5 % der Gesamtschlackenmenge konnte der Legierungsabbrand nur wenig verringert werden (Si 70 %, Mn 50 %). Zudem kam es hierbei zu einem Anstieg der Kohlenstoffgehalte im umgeschmolzenen Stahl.

2.3. Qualität und Eigenschaften des umgeschmolzenen Stahls[1,9,15,20,25,26,36,38,39,40,41)]

Die nach dem ESU-Verfahren umgeschmolzenen Blöcke zeichnen sich bei Fehlen von Lunkern, Kernporosität und Grobseigerung durch eine große Homogenität, gute Reinheit, hohe Dichte und hervorragende Makro- und Mikrostruktur aus. Zudem liegt nach dem Umschmelzen durch den schützenden Schlackenfilm eine glatte Oberfläche vor, die keiner Nachbehandlung mehr bedarf. Ein weiterer Vorteil ergibt sich durch das hohe Blockausbringen von 93 - 97 %. Für die mechanischen Eigenschaften sind nicht nur die absoluten Gehalte an Sauerstoff und Schwefel, sondern auch Zusammensetzung, Form, Größe, Zahl und Verteilung der nichtmetallischen Einschlüsse von wesentlicher Bedeutung. Da durch das Elektro-Schlacke-Umschmelzen sowohl der Gehalt an Oxiden und Sulfiden gesenkt wird, als auch die verbleibenden Gehalte in feiner Verteilung gleichmäßig im umgeschmolzenen Material vorliegen, kommt es zu teilweisen Verbesserungen der mechanischen Eigenschaften. So erfahren die Werte für Kerbschlagzähigkeit, Dehnung und Einschnürung in Querrichtung eine wesentliche Verbesserung und stimmen vielfach mit den Werten für die Längsrichtung überein, d. h. es liegt ein nahezu isotropes Material vor.

Dagegen kann die Verminderung der Gehalte an nichtmetallischen Einschlüssen zu einer Abnahme der Festigkeitswerte führen.

2.4. Versuchsziel

Im Rahmen der vorliegenden Arbeit sollen Versuche mit einem unlegierten Baustahl St 33 - 1 bei einer Schmelzführung mit Wechselstrom durchgeführt werden. Das Schwergewicht der Untersuchungen liegt auf den während des Umschmelzens zwischen Schlacke und Stahl ablaufenden metallurgischen Umsetzungen, wobei neben dem Verhalten des Stickstoffs, Wasserstoffs, Kohlenstoffs und Mangans dem Schwefel und Sauerstoff besondere Aufmerksamkeit geschenkt werden soll. So konnte z. B. noch nicht eindeutig nachgewiesen werden, welchen Anteil die Schlacken- und die Gasentschwefelung an der Gesamtentschwefelung ausmachen und welcher der beiden Teilschritte der geschwindigkeitsbestimmende Schritt im Gesamtentschwefelungsvorgang ist. Eine Klärung dieser Problemstellung ist dringend erforderlich, um geeignete Maßnahmen für eine Optimierung der Gesamtentschwefelung ergreifen zu können.

Um die Deutung der ablaufenden metallurgischen Reaktionen zu erleichtern, sollen einerseits im Gegensatz zu vielen bereits früher durchgeführten Laboruntersuchungen die Blockhöhe und damit die Umschmelzzeit ausreichend groß vorgegeben und andererseits zusätzlich Versuche mit geänderten Versuchsbedingungen gefahren werden. So soll neben dem Einsatz von Schlacken unterschiedlicher Zusammensetzung während des Umschmelzens kontinuierlich mit Aluminium desoxidiert, mit Argon gespült, sowie mit einer Kombination dieser beiden Verfahrensweisen gearbeitet werden.

Da in der vorliegenden Literatur noch keine Ergebnisse über den Einfluß der Schlackenmenge auf metallurgische Umsetzungen bzw. technologische Größen vorliegen, wird sich ein weiterer Teil dieser Arbeit auf derartige Untersuchungen erstrecken. Besonders wichtig erscheint die Bestimmung des spez. Schlackenwiderstands unter ESU-Bedingungen. Denn die aus der Literatur bekannten Werte für den spez. Widerstand von Schlacken, die alle durch fast stromlose Messung (< 1 A) bei Temperaturen bis maximal 1600 ^{o}C bestimmt wurden, können für das ESU-Verfahren nicht als repräsentativ angesehen werden.

Andere technologische Untersuchungen sollen sich u. a. mit der Bestimmung der sich beim ESU-Verfahren ergebenden Tropfengrößen befassen, wobei gleichzeitig überprüft werden soll, ob eine Abhängigkeit der Grenzflächenspannung zwischen Tropfen und Schlacke und damit der Tropfengröße von Stromstärke und Spannung gegeben ist.

In einer weiteren Versuchsserie sollen während des Umschmelzens Legierungselemente unterschiedlicher Sauerstoffaffinität kontinuierlich zugegeben werden. Hier interessiert, inwieweit ein Zulegieren möglich ist und welche Beeinflussung die während des Umschmelzens ablaufenden metallurgischen Reaktionen dadurch erfahren.

3. Versuchsdurchführung

3.1. Versuchsanlage

Die vorliegende ESU-Anlage, die nur blockweises Umschmelzen gestattet, kann sowohl mit Wechselstrom (50 Hz) als auch mit Gleichstrom betrieben werden, wobei hier noch die Möglichkeit besteht, die Elektrode anodisch oder kathodisch zu schalten. Im Rahmen der vorliegenden Arbeit wird jedoch nur auf Ergebnisse eingegangen, die sich bei einer Schmelzführung mit Wechselstrom ergeben haben.

Bei einer Betriebsspannung von 10 - 60 Volt liegt die Anschlußleistung der Anlage bei maximal 150 kVA. Zur Versuchsanlage gehören die wassergekühlte Kupferkokille (Innendurchmesser: 100 mm; Höhe 700 mm), die Absaugvorrichtung, der Transformator, der Gleichrichter und ein Steuerpult mit Meßgeräten und Bedienungsknöpfen (schematische Zeichnung der Anlage in Abb. 12[42]).

3.2. Stahlqualität

Bei dem umzuschmelzenden Stahl handelt es sich um einen einfachen Baustahl der Güte St 33 - 1 mit einer mittleren Zusammensetzung von 0,2 % Kohlenstoff, 0,55 % Mangan, 0,03 % Schwefel, 0,003 % Aluminium, 150 ppm Sauerstoff, 40 - 120 ppm Stickstoff und 0,3 cm^3/100 g Fe Wasserstoff.

3.3. Elektrodenvorbereitung

Die ungefähr 1500 mm langen und 60 mm dicken Elektroden werden entzundert, um einerseits guten Kontakt zwischen Elektrode und Einspannvorrichtung zu sichern und um andererseits eine Anreicherung der Schlacke mit Eisenoxid zu vermeiden. Weiterhin wird das in den Tiegel ragende Elektrodenende durch einen Sägeschnitt geplant.

3.4. Schlackenvorbereitung

Die Versuchsschlacken werden in einem Induktionsofen vorgeschmolzen, auf eine Stückgröße < 5 mm zerkleinert und in luftdichten Behältern vor Feuchtigkeit geschützt. Das Umschmelzen im Induktionsofen mit Graphittiegel hat sich als sehr vorteilhaft erwiesen, da die in den Ausgangskomponenten vorhandenen Eisenoxidgehalte zum Teil verringert werden.

3.5. Versuchsdaten und Untersuchungsumfang

3.5.1. Einfluß der Schlackenmenge

Bei einer bestimmten Schlackenzusammensetzung, vorgegebenem Elektrodendurchmesser und anlagenbedingtem Querschnitt der Kokille bleiben bei dieser Versuchsserie als veränderliche Größen die Schlackenmenge und damit die Schlackenbadhöhe, sowie Stromstärke und Spannung. Die Versuchsschlacke setzte sich zusammen aus 30 % Al_2O_3, 30 % CaO und 40 % CaF_2,der Elektrodendurchmesser betrug 60 mm und die Schlackengewichte lagen bei 1,3 kg, 1,8 kg und 2,4 kg. Die Stromstärke wurde zwischen 1,0 und 1,8 kA und die angelegte Spannung zwischen 25 und 42 Volt variiert.

Den umgeschmolzenen Blöcken wurden jeweils in 18 - 20 cm Blockhöhe und in Randnähe Proben zur Bestimmung der Schwefel-, Sauerstoff-, Stickstoff-, Kohlenstoff- und Mangangehalte entnommen.

Die Versuchsschlacken wurden auf zwei- und dreiwertiges Eisen analysiert. Die in die Schlacke übergegangenen Schwefelanteile konnten analytisch nicht bestimmt werden, da das in den Schlacken vorhandene Fluor bei der angewandten Schwefelbestimmungsmethode, nach der der Schwefel iodometrisch über SO_3 bestimmt wird, die Schwefelwerte verfälschte.

Im Rahmen dieser Versuchsserie wurden gleichzeitig Untersuchungen über spez. Schlackenwiderstand und Tropfengröße durchgeführt.

3.5.2. Verhalten der Stahlbegleiter während des Umschmelzens

Aus den vorangegangenen Umschmelzversuchen haben sich für eine optimale Schmelzführung und für eine vorteilhafte Raffination neben einer Schlackenmenge von 1,6 kg die elektrischen Daten von 1,5 kA und 32 Volt ergeben.

In dieser Versuchsreihe wird bei Vorgabe dieser Parameter das Verhalten von Schwefel, Sauerstoff, Aluminium, Kohlenstoff, Stickstoff, Wasserstoff und Mangan während des Umschmelzvorgangs an Hand der sich über der Blockhöhe einstellenden Gehalte verfolgt.

Neben normalem Umschmelzen werden Versuche mit gleichzeitiger, stetiger Aluminiumdesoxidation, unter kontinuierlichem Argonspülen, mit einer Kombination beider Verfahrensweisen und unter mit Wasserdampf angereicherter Atmosphäre durchgeführt.

Zum Verfahrensschritt des Argonspülens ist noch anzuführen, daß das Argon mit 3 l/min durch zwei dünne Stahlröhrchen mit 2 mm Ø, die an der Elektrode befestigt sind, direkt neben der Elektrodenspitze in die Schlacke geblasen wird.

Die Schlackenzusammensetzung wurde auch hier mit 30 % Al_2O_3, 30 % CaO und 40 % CaF_2 vorgegeben.

3.5.3. Einfluß der Schlackenzusammensetzung

Um den Einfluß der Schlackenzusammensetzung auf Umschmelzbedingungen und metallurgische Reaktionsvorgänge bei normalem Umschmelzen zu untersuchen, wurde die bisher verwandte Schlacke durch Verringerung des CaO- und Al_2O_3-Anteils und durch gleichzeitige entsprechende Zugabe von SiO_2, TiO_2, MnO oder SiO_2 + TiO_2 verändert. Die Analysen der Einsatzschlacken sind der nachfolgenden Tabelle zu entnehmen:

Schlacke Nr.	Al_2O_3 (Gew-%)	CaO (Gew-%)	CaF_2 (Gew-%)	MnO (Gew-%)	TiO_2 (Gew-%)	SiO_2 (Gew-%)
1	30,4	26,9	40,3	-	-	-
16	26,3	22,1	39,5	-	4,7	3,8
2	22,2	19,4	38,6	-	8,3	8,8
3	12,1	7,9	39,5	-	16,6	20,9
4	-	16,7	20,8	-	27,6	30,7
7	24,0	26,7	34,4	-	-	4,5
8	27,1	24,6	34,7	-	-	9,2
5	18,3	17,8	41,3	-	-	21,5
6	15,0	20,8	30,0	-	-	34,0
9	28,9	26,6	35,1	-	4,8	-
10	29,5	22,9	36,0	-	8,5	-
12	23,9	23,2	35,1	-	13,8	-
11	25,5	19,4	34,3	-	17,2	-
14	28,1	25,7	38,6	5,6	-	-
15	26,3	23,5	38,2	9,2	-	-
13	24,0	19,6	39,0	13,5	-	-

Es soll gezeigt werden, inwieweit die Entschwefelung, die Löslichkeit des Sauerstoffs und der Manganabbrand während des Umschmelzens bei Anwendung dieser Schlacken beeinflußt werden. Weiterhin interessiert der Übergang von Mangan, Silizium und

Titan aus der Schlacke in den umgeschmolzenen Stahl in Abhängigkeit von der Versuchsdauer.

Die für diese Versuchsreihe gewählten Versuchsdaten liegen bei 1,6 kg Schlacke, 1,5 kA und 32 Volt.

3.5.4. Programmiertes Legieren von Mangan, Silizium, Titan und Cer

Pulvrisierte Legierungszusätze von Fe-Mn, Fe-Si und Fe-Ti wurden während des Umschmelzens mittels eines geeichten, kontinuierlich fördernden Vibrators zugegeben. Beabsichtigt war ein 1 %iger Legierungszusatz.

Das stabförmig vorliegende Cer-Mischmetall wurde nach Zerteilen in gleichgroße Tabletten während des Umschmelzens entsprechend der beabsichtigten Legierungszugabe von 1 bzw. 2 % dem Schlacken- bzw. Stahlbad zugegeben.

Neben der üblichen Arbeitsschlacke aus 30 % Al_2O_3, 30 % CaO und 40 % CaF_2 kamen ebenfalls vorgeschmolzene Schlacken zur Anwendung, die Oxidanteile des zulegierten Metalls enthielten.

Die gewählten Versuchsdaten lagen wiederum bei 1,6 kg Schlacke, 1,5 kA und 32 Volt.

4. Versuchsergebnisse und Diskussion

4.1. Technologische Untersuchungen

4.1.1. Schlackenmenge, Umschmelzleistung und spezifischer Energieverbrauch

Wie die Untersuchungen gezeigt haben, ist für Schmelzführung und Raffination die benutzte Schlackenmenge von erheblicher Bedeutung. Aus der Fachliteratur ist zu ersehen, daß dieser Einflußgröße kaum Aufmerksamkeit geschenkt wird. Als übliche Anhaltswerte für die zu verwendende Schlackenmenge gelten 4 - 5 % des Blockgewichts[9,15].

In russischen Arbeiten wird darauf hingewiesen, daß ein niedriges Schlackenbad bei gleichen elektrischen Daten eine höhere Umschmelztemperatur bewirkt, jedoch wurde eine mögliche Beeinflussung der physikalisch chemischen Vorgänge nicht näher untersucht.

Im Rahmen dieser Arbeit konnten keine absoluten Temperaturmessungen vorgenommen werden, da der enge Spalt zwischen Elektrode und Kokille und die sehr aggressive,flußspathaltige Schlacke thermoelektrische Messungen nicht zuließen.

Dennoch konnte über die Kühlwassererwärmung pro cm^2 Kontaktfläche Schlacke - Kokille festgestellt werden, daß sich bei geringeren Schlackenmengen höhere mittlere Schlackentemperaturen ergeben (Abb. 13). Der Grund liegt in dem mit steigender Schlackenmenge geringer werdenden Verhältnis von durch Stromdurchgang erhitztem Schlackenanteil zu dem Anteil, der vom Strom nur wenig durchflossen wird und so die erzeugte Wärme nur abführt. Diese Tendenz ist auch aus der Umschmelzleistung abzulesen, die bei gleichen elektrischen Daten umso höher liegt, je geringer die zugegebene Schlackenmenge bemessen ist (Abb. 14). Bei dieser Versuchsserie wurde nur die Stromstärke verändert, während die Spannung mit ca. 30 Volt konstant gehalten wurde.

Bezogen auf den spez. Energieverbrauch (Abb. 15) ist daraus zu folgern, daß neben Elektrodendurchmesser[3,4], Schlackenzusammensetzung[3,43] und Spannung[3] auch über die Schlackenmenge die Wirtschaftlichkeit des Umschmelzens wesentlich zu beeinflussen ist. So liegt bei Aufgabe von 2,4 kg Schlacke im Vergleich zu 1,3 kg Schlacke ein um rund 50 % höherer spezifischer Energieverbrauch vor.

Dazu kommt, daß von der metallurgischen Seite her bei kleinen Schlackenmengen und der damit verbundenen höheren mittleren Schlackentemperatur bedeutend bessere Entschwefelungsergebnisse erreicht werden (Abb. 16).

Diesen beiden wesentlichen Vorteilen,die sich bei kleinen Schlakkenmengen mit günstigem spez. Energieverbrauch und hohem Entschwefelungsgrad ergeben, stehen jedoch auch Nachteile gegenüber. Bei Anwendung kleiner Schlackenmengen kommt es z. B. durch die hierbei höher vorliegenden Eisenoxidgehalte über das Verteilungsgleichgewicht zu bedeutend höheren Sauerstoffgehalten im umgeschmolzenen Stahl als bei größeren Schlackenmengen (Abb. 17).

Aus diesen Ausführungen ist ersichtlich, daß hinsichtlich der Raffination bestimmte Zielrichtungen (z. B. die Entschwefelung oder aber die Verringerung des Sauerstoffgehalts) durch die Schlackenmenge intensiviert werden können. Da jedoch im allgemeinen durch das Elektro-Schlacke-Umschmelzen eine möglichst gute Raffination hinsichtlich aller unerwünschten Verunreinigungen angestrebt wird, ist die Schlackenmenge so zu bemessen, daß diese Forderung möglichst optimal erfüllt wird. Im vorliegenden Fall wurde auf Grund der Versuchsergebnisse für die weiteren Untersuchungen eine Schlackenmenge von ca. 7 % des Blockgewichts als sehr günstig befunden. Dieser Anhaltswert kann jedoch nicht als allgemein gültig angesehen werden, sondern dürfte nur bei Umschmelzvorgängen gelten, bei denen das Verhältnis von Elektrodendurchmesser zu Kokillendurchmesser wie bei den durchgeführten Untersuchungen bei 0,6 liegt.

Auch die Ausbildung der Blockoberfläche wird durch die Menge der verwandten Arbeitsschlacke beeinflußt. Bei geringer Schlakkenbadtiefe kommt es auf Grund der hohen Schlackentemperatur zur Ausbildung eines sehr dünnen Schlackenfilms zwischen Block und Kokille. Mit steigender Schlackenmenge und der damit verbundenen sinkenden mittleren Schlackentemperatur nimmt die Dicke dieses Schlackenfilms - wie die Untersuchungen gezeigt haben - beträchtlich zu. Störungen des Schmelzverlaufs und dadurch bedingte Schwankungen im Wärmehaushalt der Schlacke wirken sich naturgemäß auf Grund des geringeren Wärmeinhalts stärker bei tieferen Schlackentemperaturen aus. So können dann die unter größeren Schlackenmengen umgeschmolzenen Blöcke bei gestörtem Schmelzverlauf eine stark wellige Oberfläche aufweisen.

4.1.2. Spez. Schlackenwiderstand

Die in der Arbeitsschlacke vorherrschende Umschmelztemperatur und damit die Umschmelzgeschwindigkeit werden im wesentlichen durch die Schlackenzusammensetzung und dem damit verbundenen spez. Schlackenwiderstand vorgegeben.

Dieser spez. Widerstand wird, wie die Versuche an der üblichen Arbeitsschlacke aus 30 % Al_2O_3, 30 % CaO und 40 % CaF_2 weiter gezeigt haben, noch zusätzlich durch Stromstärke bzw. Spannung beeinflußt (Abb. 18). Er wurde über

$$\rho = \frac{U}{I} \cdot \frac{F}{l} \tag{30}$$

bestimmt. Neben den bekannten Größen für Stromstärke, Spannung und Fläche (im vorliegenden Fall die Kegelfläche der Elektrodenspitze) wurde der jeweilige Abstand l zwischen Elektrodenspitze und Metallsumpf über Schlackenbadhöhe und Eintauchtiefe der Elektrode in die Schlacke berechnet. Die Versuchsdaten sind der nachstehenden Tabelle zu entnehmen:

Schlacken-menge (kg)	Span-nung (Volt)	Strom-stärke (kA)	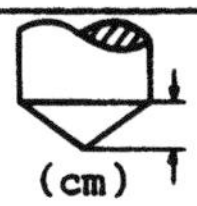 (cm)	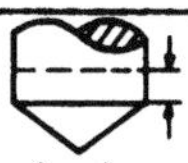 (cm)	Abstand l (cm)	spez. Widerst. ρ (Ω·cm)
1,6	34	1,0	1,0	0	4,8	0,22
1,6	34	1,5	1,7	0,2	3,9	0,19
1,6	34	2,0	2,3	0,6	3,5	0,16
1,6	34	1,5	1,8	0,4	3,91	0,19
1,6	40	1,5	0	0,2	5,7	0,13
1,6	27	1,5	2,5	1,0	2,95	0,22
1,6	36	1,5	1,5	0,1	4,43	0,17

Die mit steigender Stromstärke und Spannung verbundene Abnahme des spez. Widerstands ρ ist auf die Erhöhung der Schlackentemperatur und der sich daraus ergebenden stärkeren Dissoziation der Schlacke zurückzuführen.

An Hand dieser Versuchsergebnisse soll gezeigt werden, daß an einer ESU-Anlage bei bekannter Schlackenbadtiefe und durch Ausmessen der in die Schlacke eintauchenden Elektrodenspitze der spez. Schlakkenwiderstand und damit die Leitfähigkeit von Schlacken betriebsnäher, d. h. bei den beim ESU-Verfahren vorliegenden ungewöhnlich hohen Schlackentemperaturen direkt bestimmt werden können. Denn die aus der Literatur bekannten Werte für den spez. Widerstand von Schlacken, die alle durch fast stromlose Messung (< 1 A) mittels Thomsonbrücken bei Temperaturen bis maximal 1600 $^{\circ}C$ bestimmt wurden, können auf Grund der im Vergleich relativ geringen Schlackentemperaturen für das Elektro-Schlacke-Umschmelzverfahren nicht als repräsentativ angesehen werden. So hat z. B. A. Gad[44] bei seinen Leitfähigkeitsuntersuchungen an Schlacken festgestellt, daß die bei den Versuchen der vorliegenden Arbeit benutzte Schlacke bei 1500 $^{\circ}C$ eine Leitfähigkeit von 1,654 $\Omega^{-1}cm^{-1}$ aufweist. Eine

Umrechnung des sich bei den vorliegenden Untersuchungen ergebenden spez. Schlackenwiderstands bei 1,6 kg Schlacke, 1,5 kA und 32 Volt nach

$$\lambda = \frac{1}{\rho} \qquad (31)$$

ergibt einen bedeutend höheren Leitfähigkeitswert von 5,4 $\Omega^{-1}cm^{-1}$, der möglicherweise auf die hohen Schlackentemperaturen zurückzuführen ist.

Die im Rahmen dieser Arbeit für den spez. Schlackenwiderstand ermittelten Werte sind nicht als Absolutwerte anzusehen. Diese Untersuchungen sollten nur dazu dienen, ein mögliches betriebsnahes Meßverfahren herauszustellen. So beinhalten diese Werte z. B. noch einen Faktor, der sich durch die beiden unterschiedlich großen Flächen von Elektrodenspitze und Stahlsumpf ergibt. Denn gleichzeitig durchgeführte Modellversuche in Salzlösungen mit unterschiedlichen Flächenverhältnissen haben gezeigt, daß mit steigendem Flächenverhältnis eine scheinbare Abnahme des Widerstands verbunden ist.

Weiterhin ist noch zu prüfen, ob eine genauere Bestimmung der Werte dadurch erreicht werden kann, daß der zur Berechnung herangezogene Abstand l zwischen Elektrodenspitze und Stahlsumpf noch um die halbe Höhe der Elektrodenkegelspitze vergrößert wird.

Zudem wurde bei der Berechnung des spez. Schlackenwiderstands davon ausgegangen, daß der gesamte Strom von der Elektrode zum Stahlsumpf und umgekehrt fließt. Generell können die ermittelten Werte jedoch in erster Näherung als genügend genau angesehen werden.

4.1.3. Tropfengröße

Phasengrenzreaktionen der Schlacke mit dem zu raffinierenden Stahl sind auch an der Tropfenoberfläche möglich, wenn der Tropfen

durch die Schlacke fällt. Dabei ist die Tropfengröße von wesentlicher Bedeutung, denn je kleiner der Durchmesser ist, desto größer ist das Verhältnis von Oberfläche zu Volumen, d. h. desto intensiver laufen mögliche Reaktionen ab.

Zur Ermittlung der Größe der sich von der Elektrode lösenden Tropfen wurde neben der Umschmelzleistung (Abb. 14) die Zeit für die Bildung von 50 Tropfen festgehalten. Wie aus dieser Zeitabhängigkeit von der elektrischen Leistung und der Schlackenmenge (Abb. 19) zu erkennen ist, nimmt die Abtropfgeschwindigkeit mit steigender Leistung zu, und zwar umso stärker, je geringer das Gewicht der aufgebrachten Schlacke und damit die Schlackenbadhöhe ist. Aus diesen Angaben und aus der Umschmelzleistung lassen sich die Tropfengewichte berechnen. Die Abhängigkeit des Tropfengewichts von Stromstärke bzw. Spannung ist den Abbildungen 20 bzw. 21 zu entnehmen.

Danach schwankt das mittlere Tropfengewicht beim Umschmelzen unter einer Schlacke aus 30 % Al_2O_3, 30 % CaO und 40 % CaF_2 um 4 g (≙ ∿ 10 mm Ø). Diese Werte zeigen eine gute Übereinstimmung mit in anderen Arbeiten[3,45] ermittelten Tropfengrößen, die zwischen 2 g (≙ ∿ 8 mm Ø) und 6 g (≙ ∿ 11 mm Ø) liegen. Ein exakter Vergleich mit diesen Angaben ist jedoch nicht gegeben, da die diesen Arbeiten zugrunde liegenden Versuche unter anderen Versuchsbedingungen - besonders im Hinblick auf Schlackenzusammensetzung, Elektrodendurchmesser, Spannung und Stromstärke - durchgeführt wurden.

Die ermittelten Tropfengrößen stehen dagegen im Widerspruch zu den Ergebnissen von J.A. Garevskich u. Mitarb.[6], die erstarrte Tropfen dem den Block umhüllenden Schlackenmantel entnahmen und ein mittleres Tropfengewicht von 0,54 g (≙ ∿ 2,4 mm Ø) bestimmten. Diese kleine Tropfengröße bedingt jedoch pro Sekunde eine so hohe Tropfenzahl, daß die Tropfen nicht nacheinander, sondern zum größten Teil gleichzeitig abfallen müssen. Untersuchungen mit Röntgenstrahlen[45] haben jedoch gezeigt, daß sich an der

Elektrodenspitze immer nur ein Tropfen bildet, so daß die über den Schlackenmantel ermittelten Tropfengrößen nicht als repräsentativ angesehen werden können.

Wie schon angedeutet, sind Schlackenzusammensetzung, Elektrodendurchmesser, Stromstärke und angelegte Spannung für die Tropfengröße ausschlaggebend. Dabei dürfte als die wesentlichste Einflußgröße die Schlackenzusammensetzung anzusehen sein. So erhöht sich z. B. das Tropfengewicht, das sich bei Verwendung einer Schlacke mit 95 % CaF_2 und 5 % CaO mit 7 g ergibt, bei Zugabe von 30 % Al_2O_3 auf 11,5 g[15]. Nach R. Kammel u. Mitarb.[3] ergeben sich - bei anderen Werten für Stromstärke, Spannung und Elektrodendurchmesser - beim Umschmelzen unter Schlacken mit 70 % CaF_2 und 30 % Al_2O_3 Tropfengewichte von 3,2 g, während sie unter einer CaF_2-haltigen Schlacke mit 5 % CaO bei gleichen Versuchsbedingungen auf 5,1 g steigen. Der Grund für die stark unterschiedlichen Tropfengrößen liegt in der sich über die Schlackenzusammensetzung ergebenden jeweiligen Grenzflächenspannung.

Neben der Abhängigkeit der Tropfengröße von der Schlackenzusammensetzung ist der Einfluß von Stromstärke und Spannung nicht unbedeutend. So kommt es nach R. Kammel u. Mitarb.[3] mit steigenden Werten für Stromstärke bzw. Spannung zu einer Abnahme des Tropfengewichts. Diese Abhängigkeit hat sich auch bei den durchgeführten Untersuchungen voll bestätigt. Die bisher noch nicht geklärte Frage, ob die für die Tropfengröße verantwortliche Grenzflächenspannung in diesem Fall durch den bei einer Erhöhung der Stromstärke bzw. Spannung bedingten Temperaturanstieg der Schlacke oder durch stärker auftretende elektrodynamische Kräfte beeinflußt wird, läßt sich an Hand der vorliegenden Versuchsergebnisse klären. Wie aus Abb. 20 zu ersehen ist, ergibt sich mit ansteigender Stromstärke - unabhängig von der Schlackenmenge - eine Abnahme des Tropfengewichts. Da mit der Schlackenmenge auch die mittlere Schlackentemperatur verändert wird, sich diese Änderung jedoch im Tropfengewicht nicht bemerkbar macht, ist die Beeinflussung der Grenzflächenspannung durch eine Temperaturänderung nur gering, so daß bei steigender Stromstärke bzw. Spannung als wesentliche Einflußgröße auf die Grenzflächenspannung die stärker auftretenden elektrodynamischen Kräfte anzusehen sind.

4.1.4. Legieren

4.1.4.1. Programmiertes Legieren durch Legierungszusätze

Die Legierungskomponenten Mangan, Silizium, Titan und Cer, deren Oxide entsprechend dem Richardson-Diagramm (Abb. 7[28,29]) in dieser Reihenfolge abnehmende Sauerstoffpotentiale aufweisen, wurden während des Umschmelzens kontinuierlich in Form von pulvrisiertem Fe-Mn, Fe-Si und Fe-Ti sowie stückigem Cer zugegeben. Um die Verdampfungsrate des Cers möglich gering zu halten, wurden die Cermischmetallstücke noch zusätzlich in Stanniol gepackt und in die Schlacke getaucht.

Die Menge der zulegierten Komponenten wurde so bemessen, daß sich Legierungsgehalte von ungefähr 1 % einstellen sollten. Für das Zulegieren kamen drei Verfahrensvarianten wie folgt zur Anwendung:

1. Zulegieren bei normalem Umschmelzen ohne besondere Vorkehrungen;
2. Zulegieren mit gleichzeitiger Al-Desoxidation;
3. Zulegieren unter Arbeitsschlacken, die unterschiedlich hohe Oxidgehalte der zulegierten Komponente aufwiesen.

Aus den Ergebnissen der Legierungsversuche ist abzuleiten, daß - wie zu erwarten - die Verschlackungsrate der zulegierten Komponente umso höher liegt, je niedriger das Sauerstoffpotential des betreffenden Oxids ist. Während sich - unabhängig von den Versuchsbedingungen - beim Zulegieren von Mangan (Abb. 22) und Silizium (Abb. 23) noch Gehalte einstellen, die ungefähr in der gewünschten Größenordnung von 1 % liegen, fallen die sich beim Zulegieren von Titan mit max. 0,4 % und von Cer mit max. 0,06 % einstellenden

Gehalte doch sehr ab (Abb. 24 und 25). Zudem ist bei den höheren Cer-Gehalten (Versuch 24 und 25) noch zu berücksichtigen, daß die zugegebene Cermenge auf einen Legierungsgehalt von ca. 2 % zugeschnitten war.

Bei normalem Zulegieren unter der üblichen Arbeitsschlacke mit 30 % Al_2O_3, 30 % CaO und 40 % CaF_2 ist besonders beim Mangan und Titan vom Blockfuß zum Blockkopf ein Konzentrationsanstieg festzustellen. Die Ursache liegt in einem mit fortlaufender Versuchszeit ansteigenden Oxidanteil der zulegierten Komponente in der Schlacke und einem damit verbundenen geringeren Abbrand. Durch eine gleichzeitige kontinuierliche Al-Desoxidation während des Zulegierens von Mn, Si und Ti konnte die Verschlackung der Legierungskomponente im Vergleich zum normalen Legieren nur geringfügig verringert werden. Wahrscheinlich ist die zugegebene Aluminiummenge zu gering bemessen gewesen.

Zugaben von Oxiden der zulegierten Komponenten zu den Arbeitsschlacken bewirken, daß vom Blockfuß an bereits höhere Gehalte vorliegen, so daß in den meisten Fällen nicht wie bei normalem Legieren ein stärkerer Konzentrationsanstieg vom Blockfuß zum Blockkopf vorliegt.

4.1.4.2. Auflegieren über die Schlacke

Im Rahmen der Versuche über den Einfluß der Schlackenzusammensetzung wurde gleichzeitig die Möglichkeit untersucht, durch die Zugabe von bestimmten Oxiden zur Schlacke entsprechend dem Verteilungsgleichgewicht aufzulegieren. Bei diesem Verfahren ist das Sauerstoffpotential des betreffenden Oxids von wesentlicher Bedeutung. Je kleiner das Sauerstoffpotential ist, umso mehr wird das Gleichgewicht

$$[Me] + 2\ [O] \rightarrow (MeO_2) \qquad (32)$$

zum Oxid verschoben und desto schwieriger ist es, über das Oxid die metallische Komponente in den Stahl zu bringen. Dieses zeigen auch die durchgeführten Untersuchungen.

Während sich ein Auflegieren mit Mn über MnO (Abb. 26) und mit Si über SiO_2 (Abb. 27, 28) gut durchführen läßt, haben sich unter TiO_2-haltigen Schlacken nur Titangehalte von < 0,01 % ergeben.

Ein derartiges Auflegieren ist weiterhin nur bei Stählen möglich, bei denen Legierungselemente vorliegen, deren Oxide ein höheres Sauerstoffpotential aufweisen als die Oxide des gewünschten Legierungselements. Im anderen Fall verschlacken die im Ausgangsstahl gelösten Legierungselemente sehr stark. Dieses haben auch die Untersuchungen von A.C. Williams[16] gezeigt, bei denen es beim Zulegieren von Chrom über Cr_2O_3 zu einem sehr starken Abbrand der bereits im Stahl gelösten, sauerstoffaffineren Elemente Mangan und Silizium kommt.

4.2. Metallurgische Untersuchungen

4.2.1. Schwefel

Die Entschwefelung beim ESU-Verfahren erfolgt, wie bereits vielfach festgestellt worden ist[1,7,14,15], über die Schlacken- und über die Gasphase. Als erster Teilschritt ist dabei der Übergang des Schwefels aus dem Metall in die Schlacke (Gl. (19)) anzusehen:

$$(O^{2-}) + [S] \rightarrow (S^{2-}) + [O] \qquad (19)$$

Anschließend reagieren die in der Schlacke gelösten Schwefelionen zum Teil an der Schlackenbadoberfläche mit dem Luftsauerstoff der Tiegelatmosphäre zu gasförmigen Schwefeldioxid (Gl. (8)):

$$(S^{2-}) + \frac{3}{2}\,\{O_2\} \rightarrow (O^{2-}) + \{SO_2\} \qquad (8)$$

Wie die Untersuchungen der vorliegenden Arbeit gezeigt haben, übt die Schlackenmenge, die zwischen 5 und 10 % des Blockgewichts variiert wurde, einen wesentlichen Einfluß auf die Entschwefelung aus (Abb. 16). So kommt es mit steigender Schlackenmenge zu einer starken Verringerung der Entschwefelung. Liegen bei 1,3 kg noch Entschwefelungsgrade zwischen 60 und 70 % vor, so verringern sich diese mit steigender Schlackenmenge. Bei 2,4 kg Schlacke werden nur noch Entschweflungsgrade um 30 % erreicht. Die Ursachen liegen in geringeren metallurgischen Umsetzungen an den Phasengrenzen Tiegelatmosphäre-Schlacke, Elektrodenspitze-Schlacke oder Schlacke-Stahlsumpf. Dabei scheint sich eine nach den metallurgischen Gesetzmäßigkeiten bedingte Behinderung der Schlackenentschwefelung an den Phasengrenzen Elektrodenspitze-Schlacke und Schlacke-Sumpf auf die Gesamtentschwefelung nicht auszuwirken. So stören die bei kleineren Schlackenmengen höheren Eisenoxidgehalte nicht, obwohl bekanntlich mit steigenden Eisenoxidgehalten in Schlacken eine Abnahme des Schwefelverteilungswertes $n_S = \frac{(S)}{[S]}$ verbunden ist (Abb. 5). Auch die auf Grund der größeren Umschmelzgeschwindigkeit kürzere Reaktionszeit des Stahls mit der Schlacke und die im Vergleich zu größeren Schlackenmengen relativ geringeren CaO-Anteile sprechen auf Grund der damit verbundenen schlechteren Entschwefelung eindeutig gegen geringe Schlackenmengen. Ebenso spielt die bei kleineren Schlackenmengen höhere mittlere Schlackentemperatur nicht die entscheidende Rolle, denn mit steigender Stromstärke - gleichbedeutend mit einem Temperaturanstieg in der Schlacke - ist keine Zunahme der Entschwefelung verbunden (Abb. 16). Hieraus ist zu schließen, daß die Gründe für die Verringerung der Entschwefelung bei zunehmenden Schlackenmengen im Entschwefelungsvorgang über die Gasphase zu suchen sind. Dabei wird die Geschwindigkeit der an der Phasengrenze Schlacke-Tiegelatmosphäre ablaufenden Gasentschwefelung (Gl. (8)) durch die Temperatur der Schlackenbadoberfläche bestimmt, wobei diese wiederum von der Eintauchtiefe der Elektrode in die Schlacke abhängt. Denn mit steigender Schlackenmenge steht die Elektrode-relativ gesehen - tiefer in der Schlacke, die Schlackenoberfläche wird, da sie nicht mehr so stark vom Strom durchflossen wird, kälter und es kommt so zu einer Behinderung der Entschwefelung über die Gasphase. Aus diesen Ausführungen ist weiterhin ersichtlich, daß die Entschwefelung über die Gasphase der geschwindigkeitsbestimmende Schritt für die Gesamtentschwefelung ist.

Im Widerspruch zu den geschilderten Untersuchungen stehen die Ergebnisse von A.C. Williams[16], der mit steigendem Schlackenvolumen eine bessere Entschwefelung erzielt hat. A.C. Williams hat jedoch mit nur geringen Umschmelzgewichten von 5 kg - bei den gewählten Kokillendurchmessern entsprach dieses Gewicht einer maximalen Blockhöhe von 13 cm - und mit zwei Schlackenmengen von 8 und 16 % des Blockgewichts gearbeitet. Der höhere Entschwefelungsgrad bei der größeren Schlackenmenge muß in diesem Fall möglicherweise auf die relativ große Schlackenmenge und dem damit verbundenen höheren CaO-Anteil zurückzuführen sein, d. h. bis zu der geringen Blockhöhe von 13 cm überwog bei der großen Schlackenmenge noch die Schlackenentschwefelung gegenüber der Entschwefelung über die Gasphase.

Wie die durchgeführten Untersuchungen weiter gezeigt haben, kommt es mit zunehmender Versuchszeit, unabhängig von den Versuchsbedingungen, zu einer Abnahme der Entschwefelung (Abb. 29) und damit zu einem Anstieg des Schwefelgehalts über der Blockhöhe. Während die Entschwefelung bei normalem Umschmelzen und beim Umschmelzen mit Argonspülen stetig abnimmt, kommt es beim Umschmelzen mit Al-Desoxidation oder einer Kombination von Al-Desoxidation und Argonspülen ab einer bestimmten Blockhöhe zu einem konstanten Entschwefelungsgrad, wobei dieser bei alleiniger Al-Desoxidation bedeutend höher liegt. Die Ursachen für die sich bei den verschiedenen Verfahrensweisen ergebenden Unterschiede sind im Eisenoxidgehalt der Schlacke und im Entschwefelungsmechanismus über die Gasphase zu suchen.

Die bei normalem Umschmelzen mit der Versuchszeit abnehmende Entschwefelung ist auf mehrere Ursachen zurückzuführen, so z. B. auf eine Schwefelanreicherung in der Schlacke, auf eine Verdünnung des Sauerstoffpartialdrucks der Tiegelatmosphäre durch die Kochreaktion und auf die mit zunehmender Versuchszeit steigenden Eisenoxidgehalte der Schlacke. Diese Folgerungen sind aus den anderen Kurvenverläufen abzuleiten, die sich bei geänderter Verfahrensweise ergeben. So ist beim Umschmelzen mit gleichzeitiger Al-Desoxidation auch bis ca. 30 cm Blockhöhe eine Abnahme des

Entschwefelungsgrads festzustellen, der jedoch mit weiter steigender Blockhöhe konstant bleibt. Hier wird der Stahl anfänglich wie bei normalem Umschmelzen durch die schwefelfreie Schlacke stärker entschwefelt (Gl. (19)) als der in die Schlacke übergegangene Schwefel über die Gasphase (Gl. (8)) abgebaut wird. Das führt zu einer Schwefelanreicherung in der Schlacke und damit zu einer Verringerung des Entschwefelungsvermögens bis sich ein Gleichgewicht zwischen Schlackenentschwefelung und der Entschwefelung über die Gasphase eingestellt hat und sich somit für den weiteren Schmelzverlauf eine konstante Entschwefelung ergibt. Der Eisenoxidgehalt der Schlacke wird in diesem Fall durch die Al-Desoxidation während des gesamten Umschmelzvorgangs gering gehalten und bewirkt daher keine Veränderung.

Bei normalem Umschmelzen wirkt sich dagegen die Veränderung des Eisenoxidgehalts auf den Entschwefelungsverlauf aus. Denn die kontinuierliche Abnahme des Entschwefelungsgrads ist auf den immer stärker ansteigenden Eisenoxidgehalt der Schlacke zurückzuführen (unteres Teilbild von Abb. 30). In diesem Fall kommt es nicht zu einer Gleichgewichtseinstellung zwischen Schlacken- und Gasentschwefelung, da über $L_{FeO} = \frac{(FeO)}{[O]}$ mit zunehmender Versuchszeit ein verstärkter Sauerstoffübergang in den Stahl auftritt, der zu einem steigenden Kohlenstoffabbrand führt. Das Reaktionsprodukt der Kochreaktion führt zu einer Verringerung des Sauerstoffpartialdrucks in der Tiegelatmosphäre, wodurch die Entschwefelung über die Gasphase gehemmt wird.

Auch die zwischen normalem Umschmelzen und Umschmelzen mit gleichzeitiger Al-Desoxidation vorliegende Differenz im Entschwefelungsgrad ist auf die unterschiedlich hohen Eisenoxidgehalte in den Arbeitsschlacken zurückzuführen (untere Teilbilder in Abb. 30 und 31). Dieses haben auch die Untersuchungen mit verschiedenen Schlackenmengen gezeigt, bei denen eine verstärkte Entschwefelung durch eine gleichzeitige Al-Desoxidation erreicht werden konnte (Abb. 32).

Der Grund für die bedeutend geringere Entschwefelung beim Umschmelzen mit Argonspülen und einer Kombination von Argonspülen und Al-Desoxidation liegt in einer Verringerung der Entschwefelung über die Gasphase. Denn durch das Einblasen von Argon in die Arbeitsschlacke wird das Oxidationspotential der Tiegelatmosphäre erniedrigt. Durch diese geringere Entschwefelung kommt es auch frühzeitiger als bei normalem Umschmelzen oder beim Umschmelzen mit Al-Desoxidation zu einer Schwefelanreicherung in der Schlacke. Die mit laufender Versuchszeit stetige Abnahme der Entschwefelung ist wie bei normalem Umschmelzen auf einen über die ansteigenden Eisenoxidgehalte der Schlacke zunehmenden Kohlenstoffabbrand zurückzuführen, während sich bei der kombinierten Verfahrensweise wie bei der Al-Desoxidation durch den unterdrückten Kohlenstoffabbrand ein Gleichgewicht zwischen Schlaçken- und Gasentschwefelung einstellt.

Nach Ansicht der Forscher, die sich mit der Entschwefelung über die Gasphase beschäftigt haben, reagieren die in der Schlacke gelösten Schwefelionen direkt mit dem Luftsauerstoff zu gasförmigem SO_2 (Gl. (8)):

$$(S^{2-}) + \frac{3}{2}\{O_2\} \rightarrow \{SO_2\} + (O^{2-}) \qquad (8)$$

Wie die eigenen Untersuchungen gezeigt haben, liegen bei normalem Umschmelzen in der Schlacke in Elektrodennähe im Verhältnis zur übrigen Schlacke mit ca. 3,0 % zweiwertigem und mit 2,0 % dreiwertigem Eisen hohe Eisenoxidgehalte vor, so daß bei den hohen Schlackentemperaturen auch eine Gasentschwefelung über $CaSO_4$ (Gl. (5a), (5b), (6), (7), (33), (34)) möglich ist:

$$[FeS] + (CaO) \rightarrow (CaS) + (FeO) \qquad (5a)$$

$$(CaS) + 4\,(FeO) \rightarrow (CaSO_4) + 4\,Fe \qquad (6)$$

$$(CaSO_4) + 2\,(FeO) \rightarrow (CaO \cdot Fe_2O_3) + \{SO_2\} \qquad (7)$$

$$[FeS] + (CaO) + 5\,(FeO) \rightarrow (CaO \cdot Fe_2O_3) + 4\,Fe + \{SO_2\} \qquad (33)$$

Auch ist ein anderer Reaktionsablauf wie folgt möglich:

$$6\ [FeS] + 6\ (CaO) \rightarrow 6\,(CaS) + 6\ (FeO) \qquad (5b)$$

$$(CaS) + 4\,(FeO) \rightarrow (CaSO_4) + 4\ Fe \qquad (6)$$

$$(CaSO_4) + 2\ (FeO) \rightarrow (CaO \cdot Fe_2O_3) + \{SO_2\} \qquad (7)$$

$$6\ [FeS] + 6\ (CaO) \rightarrow 4\ Fe + (CaO \cdot Fe_2O_3) + 5\ (CaS) + \{SO_2\} \qquad (34)$$

Dem Entschwefelungsverhalten mit zunehmender Umschmelzzeit und damit der Schwefelverteilung über der Blockhöhe wird in der Literatur nur wenig Aufmerksamkeit geschenkt. So haben die Untersuchungen von Y.V. Latasch[37)] mit Schlacken des Systems CaF_2-Al_2O_3-CaO gezeigt, daß es bei normalem Umschmelzen, unabhängig von der Schlackenzusammensetzung, wie in vorliegender Arbeit zu einem Schwefelanstieg über der Blockhöhe kommt. Möglichen Ursachen für diese Erscheinung geht Y.V. Latasch jedoch nicht nach.

Auch D.J. Swindon[10)] hat bei seinen Untersuchungen - unter CaF_2-Schlacken mit steigenden CaO-Gehalten - eine Abnahme der Entschwefelung mit zunehmender Versuchszeit festgestellt. Seine Ergebnisse können jedoch nicht zum Vergleich herangezogen werden, da die Schwefelausgangsgehalte mit 0,274 % extrem hoch lagen.

Bei den anderen Arbeiten[17,46,47)] ergibt sich dagegen bei normalem Umschmelzen eine gleichbleibende Entschwefelung während des Umschmelzvorgangs. Ein Vergleich dieser Ergebnisse mit denen der vorliegenden Arbeit kann nicht durchgeführt werden, da Untersuchungen mit Schlacken des Systems CaF_2-Al_2O_3 durchgeführt wurden, d. h. es lagen nur geringe, durch eine teilweise Oxidation des CaF_2 gebildete CaO-Anteile vor. Hier wird die Gesamtentschwefelung dadurch bestimmt, wie schnell die geringen CaO- bzw. gebildeten CaS-Anteile zu den jeweiligen Phasengrenzen diffundieren, d. h. die Entschwefelung über die Gasphase ist hier nicht mehr der geschwindigkeitsbestimmende Schritt.

Sehr starken Einfluß auf die Entschwefelung üben MnO-, SiO_2-, TiO_2- oder SiO_2+TiO_2-Zusätze zu der in dieser Arbeit üblichen Arbeitsschlacke mit 30 % Al_2O_3, 30 % CaO und 40 % CaF_2 aus. So hat sich bei den Versuchen zum Einfluß der Schlackenzusammensetzung gezeigt, daß mit steigenden Gehalten der angeführten Komponenten bei entsprechender Abnahme der CaO- und Al_2O_3-Gehalte (Verhältnis 1:1) eine starke Verringerung der Entschwefelung eintritt (Abb. 33). Der Grund dürfte hier in den geringeren CaO-Gehalten und in den bei diesen Zusätzen stark ansteigenden Eisenoxidgehalten (Abb. 34) liegen.

Wird jedoch dafür gesorgt, daß während des Umschmelzens die Bildung von Eisenoxiden in den Schlacken mehr oder weniger unterdrückt wird, so können, wie sich bereits beim Umschmelzen mit kontinuierlicher Al-Desoxidation (Abb. 29) gezeigt hat, sehr gute Entschwefelungsergebnisse erzielt werden. Das haben auch die Versuche zum programmierten Legieren bestätigt, bei denen, bis auf die Versuche mit Fe-Mn, die erzielten Entschwefelungsgrade wesentlich über denen des normalen Umschmelzen liegen (Abb. 35).

4.2.2. Sauerstoff

Neben der Entschwefelung wird durch das Umschmelzen eine Erniedrigung des Sauerstoffgehalts angestrebt. Dieser liegt im Ausgangsmaterial fast vollständig in Form von Einschlüssen vor, so daß ein Absenken des vorhandenen Sauerstoffgehalts nur durch eine Verringerung der im Ausgangsstahl vorliegenden oxidischen Einschlüsse zu erreichen ist. Dem steht der Sauerstoffanteil entgegen, der während des Umschmelzens aus der Tiegelatmosphäre über die Schlacke in den Stahlsumpf übergeht, eventuell mit den vorhandenen Legierungsgehalten reagiert und zusätzlich Einschlüsse bildet.

Wie bei der Entschwefelung ist auch für die Verringerung des Sauerstoffgehalts die Schlackenmenge von wesentlicher Bedeutung. So kommt es durch die Wärmeabstrahlung der Schlacke und der damit verbundenen Erwärmung der Elektrode nach

$$2\ Fe + \{O_2\} \rightarrow 2\ \langle FeO\rangle \qquad (9)$$

$$3\ \langle FeO\rangle + \frac{1}{2}\ \{O_2\} \rightarrow \langle Fe_3O_4\rangle \qquad (10)$$

$$2\ \langle FeO\rangle + \frac{1}{2}\ \{O_2\} \rightarrow \langle Fe_2O_3\rangle \qquad (11)$$

zu einer starken Verzunderung des Elektrodenendes und damit zu einem erheblichen Anstieg des Eisenoxidanteils in der Schlacke. Durch die hohe Temperatur der Schlackenoberfläche kann es auch zu einem direkten Übergang des Sauerstoffs aus der Tiegelatmosphäre in die Schlacke kommen:

$$2\ (FeO) + \frac{1}{2}\ \{O_2\} \rightarrow (Fe_2O_3) \qquad (12)$$

Der bei kleineren Schlackenmengen größere Eisenoxidanteil ist im vorliegenden Fall nicht auf die höheren Schlackentemperaturen und die dadurch bedingten intensiveren Reaktionsabläufe (Gl. (9), (10), (11), (12)), sondern im wesentlichen auf das ungünstigere Verhältnis von gebildeten Eisenoxiden zum Schlackenvolumen zurückzuführen. Eine Umrechnung der bei den verschiedenen Schlackenmengen in Lösung gegangenen Eisenoxide auf eine bestimmte Schlackenmenge - im vorliegenden Fall auf 2,4 kg - zeigt, daß die unterschiedlichen Eisenoxidgehalte praktisch auf einen Verdünnungseffekt zurückzuführen sind (Abb. 36).

Das Verhältnis von Schlackenvolumen und in der Schlacke in Lösung gehenden Komponenten spielt auch beim Übergang der im Stahl unerwünschten Begleitelemente in die Schlacke eine wesentliche Rolle. Mit zunehmender Versuchszeit kommt es nach dem Verteilungsgleichgewicht zu einer Anreicherung dieser Elemente in der Schlacke und so zu weniger intensiven metallurgischen Reaktionsabläufen. Dieser Vorgang wird durch geringe Schlackenmengen beschleunigt.

Die bei kleineren Schlackenmengen höheren Eisenoxidgehalte bedingen nach $L_{FeO} = \frac{(FeO)}{[O]}$ einen höheren Sauerstoffanteil im umgeschmolzenen

Block (Abb. 17). Mit steigender Schlackentemperatur verschiebt sich das Verhältnis L_{FeO} nach

$$\lg L_{FeO} = \lg \frac{(FeO)}{[O]} = \frac{6320}{T} - 2{,}734 \qquad (15),(16)$$

zu kleineren Werten und damit zu größeren Sauerstoffgehalten im ungeschmolzenen Stahl. Dieser Effekt spielt keine ausschlaggebende Rolle beim Sauerstoffübergang aus der Schlacke in den Stahl. Denn wie aus Abb. 37 abzulesen ist, kommt es bei den verschiedenen Schlackenmengen bei ungefähr gleichen Eisenoxidgehalten in der Schlacke durch Erhöhung der elektrischen Leistung zu keinem erhöhten Sauerstoffgehalt im Stahl. Möglicherweise ist der Grund darin zu suchen, daß eine bei weitem geringere Aktivität des Eisenoxids vorliegt oder aber, daß man sich - was sehr wahrscheinlich ist - durch die größere Umschmelzleistung vom Gleichgewicht zwischen Eisenoxidgehalt in der Schlacke und Sauerstoffgehalt im Stahl entfernt.

Im Rahmen dieser Thematik ist noch anzuführen, daß sich die ungefähr gleichen Endsauerstoffgehalte bei den verschiedenen Schlackenmengen ergeben haben (Abb. 17), obwohl zum Teil stark unterschiedliche Ausgangssauerstoffgehalte von 86 bis 283 ppm vorlagen. Dieses Ergebnis läßt den Schluß zu, daß der Sauerstoffgehalt im Elektrodenmaterial für die Einstellung des Endsauerstoffgehalts in gewissen Grenzen ohne Einfluß ist. Daraus ist zu folgern, daß der größte Teil der Oxideinschlüsse des Ausgangsmaterials von der Arbeitsschlacke absorbiert und ein sehr großer Anteil des Endsauerstoffs dem Stahl während des Umschmelzens zugeführt werden muß. Als mögliche Reaktionszone für die Abscheidung der Oxide bietet sich die Phasengrenze Elektrodenspitze-Schlacke und für den Übergang des Sauerstoffs aus der Schlacke in den Stahl die Phasengrenze Schlacke-Sumpf an.

Über die sich im umgeschmolzenen Stahl einstellenden Sauerstoffgehalte wurde die Aktivität des FeO in der üblichen Arbeitsschlacke aus 30 % Al_2O_3, 30 % CaO und 40 % CaF_2 nach

$$\lg L_{FeO} = \lg \frac{a_{(FeO)}}{a_{[O]}} = \frac{6320}{T} - 2,734 \qquad (35)$$

und

$$\lg a_{[O]} = - 0,2 \% [O] + \lg \% [O] \qquad (36)$$

berechnet. Zur Berechnung von a_{FeO} wurden nur die Versuche herangezogen, bei denen nicht mehr als 0,1 % dreiwertiges Eisen in den Schlacken vorgelegen hat. Die errechneten Aktivitätswerte, in Abb. 38 in Abhängigkeit vom FeO-Gehalt aufgetragen, sind nur bedingt zuverlässig. Denn in Unkenntnis der beim Umschmelzen vorherrschenden Schlackentemperaturen erfolgte die Berechnung für eine geschätzte Temperatur von 1800 °C. Weiterhin steht nicht eindeutig fest, ob zwischen FeO-Gehalt in der Schlacke und Sauerstoffgehalt im Block die Gleichgewichtseinstellung erreicht wurde.

Über die sich über der Höhe des umgeschmolzenen Blocks einstellenden Sauerstoffgehalte liegen in der Literatur kaum Angaben vor. So kommt es nach D.J. Swindon[10)] und J.R. Heimbach[48)] im Verlauf des Umschmelzens zum Teil zu einem starken Sauerstoffanstieg. Dabei ist bei den Untersuchungen von J.R. Heimbach zu berücksichtigen, daß die sich im erschmolzenen Material einstellenden Sauerstoffgehalte mit anfänglich ca. 18 ppm bis max. 28 ppm in Blockkopfnähe sehr niedrig liegen.

D.J. Swindon geht bei der Diskussion seiner Versuchsergebnisse auf das Verhalten des Sauerstoffs nicht ein. Bei seinen Versuchen ist jedoch einschränkend anzuführen, daß der Ausgangsstahl mit 0,27 % sehr hohe Schwefelgehalte aufwies, so daß diese Ergebnisse nicht unbedingt als repräsentativ angesehen werden können. Denn die hohen Schwefelgehalte im Elektrodenmaterial bedingen bei der auftretenden Entschwefelung nach

$$(O^{2-}) + [S] \rightarrow (S^{2-}) + [O] \qquad (19)$$

einen starken Sauerstoffübergang in den umgeschmolzenen Stahl.

Bei der vorliegenden Arbeit kommt es dagegen bei normalem Umschmelzen trotz ansteigender Eisen- und Manganoxidgehalte (unteres Teilbild Abb. 30) zu einer allerdings geringen Abnahme des Gesamtsauerstoffgehalts über der Blockhöhe (Abb. 39). Hier überwiegt demnach die Abscheidung der oxidischen Einschlüsse in die Schlacke gegenüber der Sauerstoffaufnahme. Dazu trägt wesentlich die Reaktion des im Stahl gelösten Kohlenstoffs mit einem Teil des über das Verteilungsgleichgewicht L_{FeO} in den Stahl übergehenden Sauerstoffanteils bei (Gl. (37)):

$$[C] + [O] \rightarrow \{CO\} \qquad (37)$$

Wichtig ist weiterhin, daß beim Umschmelzen unter Luftatmospähre ein Entzundern der Ausgangselektrode ohne Einfluß ist (s. auch N. Robinson u. Mitarb.[26]), da sich sowohl mit geschliffenen als auch mit verzunderten Elektroden ungefähr die gleichen Eisenoxidgehalte in der Schlacke einstellen und sich darüber die gleichen Endsauerstoffgehalte im umgeschmolzenen Block ergeben (Abb. 39). Ein deutlicher Unterschied wird erst dann auftreten, wenn der Umschmelzvorgang unter Argonatmosphäre abläuft. Denn beim Umschmelzen unter Luftzutritt kommt es kurz oberhalb der Schlackenoberfläche durch die Erhitzung der Elektrode infolge der starken Wärmeabstrahlung der Schlacke zu einer erneuten Verzunderung der geschliffenen Elektrode.

Wie stark der im umgeschmolzenen Stahl vorhandene Sauerstoffgehalt von den Versuchsbedingungen abhängt, ist Abb. 40 zu entnehmen. Beim Umschmelzen mit Al-Desoxidation mit und ohne Argonspülen wird der Eisen- und Manganoxidgehalt der Schlacke niedrig gehalten, womit im Gegensatz zum normalen Umschmelzen ein geringerer Sauerstoffübergang aus der Schlacke in den Stahl verbunden ist. Dazu kommt noch die Desoxidationswirkung des Aluminiums auf die im Ausgangsstahl vorhandenen Sauerstoffanteile. So müßten bei der verwandten Stahlqualität, wie aus Abb. 11[49] zu ersehen ist, bei im Stahl gelösten Aluminiumgehalten von ca. 0,01 % Sauerstoffgehalte von 0,005 % erreicht werden. Die sich dennoch ergebenden höheren Sauerstoffgehalte (vergl. auch Abb. 17) sind hauptsächlich auf größere Aluminiumoxidgehalte zurückzuführen. Das zur Desoxidation eingebrachte Aluminium schmilzt, da spezifisch etwas leichter als die Schlacke, auf der Schlackenoberfläche auf. Ein Teil des Aluminiums reagiert mit den in der Schlacke gelösten Eisenoxiden z. B. nach

$$2\ Al + (3\ FeO) \rightarrow (Al_2O_3) \qquad (38)$$

unter Bildung von Aluminiumoxid. Der verbleibende Rest des Aluminiums wird durch die in der Schlacke vorherrschenden Konvektionsströmung zum Stahlsumpf mitgeführt, geht dort in Lösung und reagiert auf Grund der sehr hohen Sauerstoffaffinität mit dem über das Verteilungsgleichgewicht L_{FeO} in den Stahl übergegangenen Sauerstoff unter Bildung von unlöslichem Aluminium (Al_2O_3). Analysen auf unlösliches Aluminium haben diese Annahme bestätigt. Demnach ergeben sich bei kontinuierlicher Aluminiumdesoxidation im Vergleich zum normalen Umschmelzen bedeutend größere Anteile an unlöslichem Aluminium (Abb. 41). Die entsprechenden Sauerstoffgehalte zeigen die gleiche Tendenz. Berechnet man die am unlöslichen Aluminium gebundenen Sauerstoffgehalte beider Varianten und vergleicht sie mit den entsprechenden analysierten Sauerstoffgehalten, so wird diese Abhängigkeit noch eindeutiger (Abb. 42). Ein zusätzliches Argonspülen verstärkt die Konvektionsströmung in der Schlacke und damit den Transport des Aluminiums zum Stahlsumpf.

Als Ursachen für die im umgeschmolzenen Stahl vorliegenden hohen Al_2O_3-Gehalte beim Umschmelzen mit kontinuierlicher Aluminiumdesoxidation stehen drei Möglichkeiten zur Diskussion:

1. Die Aluminiumoxidanteile scheiden sich langsamer aus dem flüssigen Stahlsumpf ab und werden deshalb eher von der Erstarrungsfront eingeholt als jene Oxideinschlüsse, die bei normalem Umschmelzen vorliegen.

2. Der bei der Aluminiumdesoxidation stark unterdrückte Kochvorgang im Stahlsumpf und die dadurch fehlende Spülwirkung setzen die Intensität der Einschlußabscheidung herab. Denn das Kochen einer Stahlschmelze trägt im allgemeinen wesentlich zur Entfernung oxidischer Einschlüsse bei.

3. Der Gehalt an oxidischen Einschlüssen ist größer als bei normalem Umschmelzen, da der Sauerstoffanteil, der bei normalem Umschmelzen über den Kohlenstoffabbrand entfernt wird, bei Al-Desoxidation ebenfalls mit dem Aluminium reagiert.

Dieses Problem ist nicht eindeutig zu lösen. Unter den vorliegenden Bedingungen muß der Kochwirkung jedoch zumindest eine größere Bedeutung zugestanden werden. Denn während beim Umschmelzen mit Al-Desoxidation nur eine mittlere Gasentwicklung von 2,7 l/min vorliegt, erhöht sich diese z. B. bei normalem Umschmelzen bis auf max. 8 l/min. Ein weiterer Hinweis auf den positiven Einfluß der Kochwirkung ist dadurch gegeben, daß bei normalem Umschmelzen mit fortlaufender Versuchszeit der C-Abbrand zunimmt und gleichzeitig eine geringe Sauerstoffabnahme im umgeschmolzenen Material eintritt.

Im Gegensatz zur Al-Desoxidation führen dagegen - wie die Ergebnisse des programmierten Legierens zeigen - desoxidierende Komponenten wie Si, Ti und Ce im Vergleich zum normalem Umschmelzen zu z. T. erheblich geringeren Sauerstoffgehalten im umgeschmolzenen Stahl (Abb. 43). Bei Zugabe von Mn liegen die sich einstellenden Sauerstoffgehalte ungefähr in der Größenordnung der des normalen Umschmelzens. Es kann angenommen werden, daß die gebildeten Desoxidationsprodukte dieser zulegierten Komponenten im stärkeren Maße von der Schlacke aufgenommen werden, als es bei der Desoxidation mit Aluminium der Fall ist.

Im Rahmen der Untersuchungen über den Einfluß der Schlackenzusammensetzung sollte nachgeprüft werden, wie sich Zugaben von Oxiden mit unterschiedlichen Sauerstoffpotentialen zur üblichen Arbeitsschlacke auf die sich im umgeschmolzenen Stahl einstellenden Sauerstoffgehalte auswirken. Als Oxide wurden - wie unter Punkt 3.5.3. angeführt - MnO, SiO_2, TiO_2 oder SiO_2+TiO_2 unter gleichzeitiger entsprechender Abnahme des CaO- und Al_2O_3-Anteils zugegeben, wobei vom MnO über das SiO_2 zum TiO_2 hin eine Abnahme des Sauerstoffpotentials vorliegt (Abb. 7).

Diese Zusätze sind - abgesehen vom TiO_2 - in einer üblichen ESU-Schlacke nicht enthalten. Sie können sich jedoch während des Umschmelzens über einen Legierungsabbrand in der Schlacke bilden oder aber bei einem möglichen Legieren über die Schlacke mit Hilfe des Verteilungsgleichgewichts von Bedeutung sein. Aus diesem Grund erscheint es wichtig, ihren Einfluß auf metallurgische Raffinationsvorgänge, z. B. die Verringerung des Sauerstoffgehalts, festzustellen.

Wie schon in der Literaturübersicht angeführt, liegen in einer CaF_2-CaO-MnO-Schlacke schon bei sehr geringen MnO-Gehalten hohe MnO-Aktivitäten vor. Durch die vorliegenden Ergebnisse wird bestätigt, daß diese Erscheinung auch für Schlacken des Systems CaF_2-CaO-Al_2O_3-MnO gilt, wenn zu der üblichen Schlacke MnO zugegeben wird. Auch hier müssen sich hohe MnO-Aktivitäten ergeben, da mit steigender MnO-Zugabe eine starke Zunahme des Eisenoxidgehalts zu verzeichnen ist (Abb. 34). Daß die Aktivität des MnO und damit das Oxidationspotential recht hoch ist, läßt sich daraus ableiten, daß ein großer Teil des Eisenoxids in dreiwertiger Form vorliegt (Abb. 44). Entsprechend diesem bei MnO-Zugabe hohen Sauerstoffpotential der Schlacke sind die hohen Sauerstoffgehalte im Block verständlich (Abb. 45).

Auch bei SiO_2- oder SiO_2+TiO_2-Zugabe kommt es zu einem deutlichen Anstieg des Eisenoxids (Abb. 34), der mit entsprechenden Sauerstoffgehalten im umgeschmolzenen Stahl verbunden ist (Abb. 45).

Aus den Anteilen an dreiwertigem Eisen (Abb. 44) ist jedoch zu erkennen, daß hier das Oxidationspotential nicht so groß ist.

Die mit steigendem SiO_2 bzw. SiO_2+TiO_2 zunehmenden Eisenoxidgehalte (Abb. 34) sind auf zwei Ursachen zurückzuführen. So kommt es durch den SiO_2-Anstieg und der damit verbundenen geringeren Verdünnung des SiO_2 und durch die gleichzeitig geringer werdenden CaO-Gehalte zu einer Erhöhung der SiO_2-Aktivität. Im Diagramm nach F.D. Richardson und J.H.E. Jeffes (Abb. 7) bedeutet das eine Verschiebung der betreffenden Potentialgeraden zu einer größeren Bereitwilligkeit des Oxids, den Sauerstoff abzugeben. Der höhere Anteil an Eisenoxid bei SiO_2+TiO_2-Zugabe im Vergleich zu dem, der sich bei alleiniger Zugabe von SiO_2 ergibt, ist auf eine noch höhere Aktivität des SiO_2 zurückzuführen. Denn durch die Zugabe von SiO_2+TiO_2 und die damit entsprechende stärkere Abnahme von CaO und Al_2O_3 liegt weniger CaO für die Verbindungsbildung mit dem SiO_2 vor als bei alleinigem SiO_2-Zusatz.

Steigende TiO_2-Gehalte allein wirken sich dagegen auf die sich im umgeschmolzenen Block einstellenden Sauerstoffgehalte praktisch nicht aus (Abb. 45).

4.2.3. Stickstoff

Wie schon in der Literaturübersicht angeführt, ist neben einer Entstickung von 40 - 60 %[3,18,19] auch ein Gleichbleiben des Stickstoffgehalts beim Umschmelzen festgestellt worden[20,21].

Die eigenen Untersuchungen haben gezeigt, daß bei normalem Umschmelzen unter der üblichen Al_2O_3-CaO-CaF_2-Schlacke die Endgehalte im umgeschmolzenen Stahl im wesentlichen zwischen 60 bis 80 ppm liegen. Abb. 46 gibt dieses Ergebnis für einige Versuche wieder, bei denen die Ausgangsstickstoffgehalte bei 35, 44 und 66 ppm gelegen haben. Neben einem Gleichbleiben des Stickstoffgehalts kam es demnach auch zu stärkeren Stickstoffaufnahmen. Daher können diese Gehalte zwischen 60 und 80 % möglicherweise als Gleichgewichtswerte angesehen werden. Wenn dies der Fall ist, so ist bei Stickstoffausgangsgehalten > 80 ppm eine Entstickung während des Umschmelzens nicht auszuschließen.

Beim Legieren hat es sich jedoch gezeigt, daß sich die ermittelten Gleichgewichtswerte zu höheren Stickstoffgehalten verschieben, wenn dem Stahl stickstoffaffine Legierungselemente während des Umschmelzens zugegeben werden, wie es am Beispiel des Titan in Abb. 47 verdeutlicht wird. So liegen beim Zulegieren des Titans die Stickstoffgehalte nur anfänglich in dem vorher beschriebenen Gleichgewichtsbereich, steigen dann jedoch mit fortlaufender Umschmelzzeit entsprechend den Titangehalten in Abb. 24 auf Werte um 110 ppm an.

4.2.4. Wasserstoff

Die bei extrem niedrigen Ausgangsgehalten von ca. 0,4 cm^3/100 g Fe festgestellte Wasserstoffzunahme bewegt sich nur in einem Bereich bis max. 2,0 cm^3/100 g Fe (Abb. 48). Dieses steht in guter Übereinstimmung mit den Werten von M. Wahlster u. Mitarb.[9] (Abb. 6). Sie erklären die anfänglich höheren Wasserstoffwerte mit in der Schlacke vorhandener Feuchtigkeit. Es kann sogar, wie sie zeigen, zu einer noch stärkeren Wasserstoffaufnahme kommen, wenn die benutzte Arbeitsschlacke nicht vorgeschmolzen wird. Eine Wasserstoffaufnahme über die Luftfeuchtigkeit kann ihrer Meinung nach wegen des beim Umschmelzen vorhandenen starken thermischen Auftriebs über der Schlacke vernachlässigt werden. Nach anderen, nur zum Teil unter ESU-Bedingungen durchgeführten Untersuchungen [22,24,27] besteht eine Abhängigkeit zwischen dem Partialdruck des Wasserdampfs in der Tiegelatmosphäre und dem im umgeschmolzenen Stahl gelösten Wasserstoff. Auch die eigenen Untersuchungen, die mit wasserdampfangereicherter Atmosphäre durchgeführt wurden, zeigen deutliche Steigerungen des Wasserstoffgehalts im umgeschmolzenen Block (Abb. 48). Die in der Tiegelatmosphäre enthaltene

Feuchtigkeit löst sich über folgende Teilschritte im Stahl:

$$\{H_2O\} + (O^{2-}) \rightarrow 2\ (OH^-) \qquad (21)$$

$$2\ (OH^-) + (Fe^{2+}) \rightarrow 2\ [H] + 2\ [O] + Fe \qquad (23)$$

nach[22,24)]

Die mit steigender Blockhöhe trotz gleichem Wasserdampfpartialdruck eintretende Abnahme des Wasserstoffs ist auf den mit laufender Versuchszeit zunehmenden Kohlenstoffabbrand zurückzuführen. Denn das aufsteigende Kohlenmonoxid bewirkt eine Verringerung des Wasserdampfpartialdrucks der Tiegelatmosphäre und damit nach

$$(OH^-) = K_{H_2O} \cdot \sqrt{p_{H_2O}} \qquad (22)$$

nach [22,23)]

eine geringere Wasserstoffaufnahme in der Schlacke. Nach dem Verteilungsgleichgewicht führt das zu kleineren Wasserstoffgehalten im umgeschmolzenen Block.

Aus obigen Ausführungen ist weiter zu schließen, daß beim Umschmelzen von Stahl mit höheren Wasserstoffgehalten im Ausgangsstahl bei geringer Luftfeuchtigkeit und vorgeschmolzenen Schlacken mit geringen CaO-Gehalten eine Erniedrigung des Wasserstoffgehalts eintreten kann.

4.2.5. Legierungsabbrand

Mit den angestrebten, eine Raffination des Stahls bewirkenden Reaktionen sind auch unerwünschte Umsetzungen verbunden, die zu einer Verringerung der im Ausgangsstahl vorhandenen Legierungselemente führen können. Bei dem vorliegenden Stahl handelt es sich um einen einfachen Baustahl, bei dem lediglich Mangan und Kohlenstoff abbrennen können. Aber es sind z. B. über den Verschlackungsgrad des Mangans wesentliche Aussagen über ein mögliches

Verschlacken anderer Elemente zu machen, die eine höhere Sauerstoffaffinität als das Mangan aufweisen. Allgemein richtet sich der Verschlackungsgrad nach dem Gehalt der Oxide in der Schlacke, deren Sauerstoffpotential größer ist als das des Oxids des im Ausgangsstahl vorhandenen Legierungselements. In unserem Fall wird die Manganverschlackung also nur durch den Eisenoxidgehalt der Schlacke bestimmt.

Unter normalen Umschmelzbedingungen liegt ein starker Manganabbrand vor (Abb. 30, 49). Das anfänglich kontinuierliche Abnehmen des Mangangehalts ist auf den gleichzeitig ansteigenden Eisenoxidgehalt in der Schlacke zurückzuführen (Abb. 30). Da mit dem Manganabbrand der MnO-Gehalt in der Schlacke zunimmt, kommt es ab einer bestimmten Blockhöhe, d. h. bei ausreichend hohen MnO-Gehalten über das Gleichgewicht

$$[Mn] + [O] \rightleftarrows (MnO) \qquad (17)$$

zu einer Verringerung des Manganabbrands. Hieraus ist zu ersehen, daß mit vorgegebenen MnO-Gehalten in den Arbeitsschlacken die Manganverluste erheblich vermindert werden können. Dazu muß der optimale MnO-Gehalt bestimmt werden, denn zu hohe Gehalte bewirken anfänglich einen Manganübergang aus der Schlacke ins Metall (Abb. 26). Aus dieser Abbildung ist zu erkennen, daß der günstigste MnO-Gehalt für eine fast vollständige Unterdrückung des Manganabbrands bei wenig über 5,6 % liegt. Neben dem Eisenoxidgehalt sind demnach auch die übrigen Schlackenbestandteile von wesentlichem Einfluß. Dabei wirken sich steigende TiO_2-Gehalte auf Grund des sehr niedrigen Sauerstoffpotentials des TiO_2 nur wenig auf den Manganabbrand aus (Abb. 50,51). Anders liegen dagegen die Verhältnisse unter SiO_2- und SiO_2+TiO_2-haltigen Arbeitsschlacken (Abb. 51,52,53). Während bis zu SiO_2-Gehalten von 10 % der Manganabbrand nur geringfügig zunimmt, liegt er bei höheren Gehalten bei über 70 %. Hier dürfte die Basizität einen wesentlichen Einfluß derart ausüben, daß es bei geringeren Basizitäten auf Grund der höheren Aktivität des SiO_2 zu einer Reduktion des SiO_2 durch das im Ausgangsstahl gelöste Mangan kommt (Gl. (39)), wie es auch schon Wahlster u. Mitarb.[9] nachgewiesen haben.

$$(SiO_2) + 2\,[Mn] \rightarrow 2\,(MnO) + [Si] \qquad (39)$$

Das während des Umschmelzens in den umgeschmolzenen Block übergegangene Silizium (Abb. 27,28) bestätigt diesen Reaktionsablauf.

Neben einer Zugabe von MnO zur Arbeitsschlacke läßt sich der Manganabbrand auch durch eine kontinuierliche Aluminiumdesoxidation unterdrücken (Abb. 49,54), wobei dieser Verfahrensschritt jedoch, wie bereits ausgeführt, zu höheren Sauerstoffgehalten im umgeschmolzenen Block führt.

Der Grund für den mit abnehmender Schlackenmenge und steigender elektrischer Leistung geringeren Manganabbrand (Abb. 55) liegt in den unter diesen Bedingungen ansteigenden Schlackentemperaturen. Denn die Reaktionsgleichung

$$[O] + [Mn] \rightleftarrows (MnO) \qquad (40)$$

wird, wie aus der Temperaturabhängigkeit der zugehörigen Gleichgewichtskonstanten abzulesen ist (Abb. 10), bei Temperaturerhöhung nach links verschoben, d. h. zu geringeren Manganverlusten. Der Einfluß der Temperatur ist dabei stärker als der Einfluß der bei kleineren Schlackenmengen höheren Eisenoxidgehalte.

Auch Y.V. Latasch[37] hat in seinen Untersuchungen nachgewiesen, daß mit steigender Umschmelzleistung geringere Manganverluste auftreten. Die Größe der Umschmelzleistung ist dabei eine Funktion der Stromstärke, und er führt den bei geringen Stromstärken größeren Manganabbrand auf die geringe Eintauchtiefe der Elektrode und die damit verbundene stärkere Oxidation der Elektrodenspitze zurück.

Diese Auslegung ist nicht mit den Ergebnissen der vorliegenden Arbeit in Einklang zu bringen, denn die Untersuchungen mit unterschiedlichen Schlackenmengen haben gezeigt, daß bei steigenden Schlackenzugaben trotz relativ größerer Eintauchtiefe der Elektrode in die Schlacke ein verstärkter Manganabbrand stattfindet (Abb. 55), so daß der wesentliche Parameter für die Manganverschlackung - wie schon zuvor angeführt - in der Schlackentemperatur zu suchen ist.

Der in der Literatur angegebene Manganabbrand ist über der Blockhöhe fast konstant und in allen Fällen sehr gering[34,37,38,50]. Der Grund ist möglicherweise darin zu sehen, daß in den umzuschmelzenden Edelstählen zumeist noch Legierungselemente wie V, Si, Ti und Al gelöst sind, die auf Grund ihrer höheren Sauerstoffaffinität bedeutend früher und stärker verschlacken als das Mangan.

Wie für die Manganverschlackung sind auch für den Kohlenstoffabbrand in erster Hinsicht die in den Schlacken gelösten Eisenoxide und der sich über $L_{FeO} = \frac{(FeO)}{[O]}$ im flüssigen Stahl einstellende Sauerstoffgehalt verantwortlich:

$$[O] + [C] \rightarrow \{CO\} \qquad (37)$$

Dabei ist mit steigenden Sauerstoffgehalten eine Zunahme des Kohlenstoffabbrands verbunden. Das zeigen auch die Versuche mit unterschiedlichen Schlackenmengen (Abb. 56) und das Verhalten des Kohlenstoffs während des normalen Umschmelzens unter oxidierenden Bedingungen (Abb. 57), wobei im zweiten Fall durch die stetige Eisenoxidanreicherung in der Schlacke im Verlauf des Umschmelzens steigende Kohlenstoffverluste hervorgerufen werden. Der nach $\frac{2}{3}$ der Umschmelzzeit trotz weiter ansteigender Eisenoxidgehalte abnehmende Kohlenstoffabbrand ist möglicherweise darauf zurückzuführen, daß es - wie über die Kühlwassererwärmung während des Umschmelzvorgangs nachgewiesen wurde - im letzten Drittel des Umschmelzverlaufs zu höheren Schlackentemperaturen kommt. Höhere Temperaturen führen nach

$$\lg K = \frac{1056}{T} + 2{,}131 \qquad (41)$$

nach[51]

zu einer Abnahme der Gleichgewichtskonstanten, d. h. das Gleichgewicht zwischen Kohlenstoff und Sauerstoff, das sich z. B. für 1600 °C und p_{CO} = 1 atm mit

$$[C] \cdot [O] = 0{,}0025 \qquad (42)$$

nach [52]

ergibt, wird zu größeren Werten verschoben, wodurch es - wie in vorliegendem Fall - zu einem weniger intensiven C-Abbrand kommt.

Durch zu hohen Kohlenstoffabbrand kann es, wie die Untersuchungen weiter gezeigt haben, in den umgeschmolzenen Blöcken zu unerwünschten Gasblasen kommen.

Verringern läßt sich der Kohlenstoffabbrand durch Al-Desoxidation mit und ohne Argonspülen.

5. Zusammenfassung

Das Hauptaugenmerk der vorliegenden Arbeit galt den beim Umschmelzen ablaufenden metallurgischen Umsetzungen. Daneben wurden auch technologische Untersuchungen durchgeführt. Es wurde der Einfluß der Schlackenmenge auf die mittlere Schlackentemperatur und damit auf die Umschmelzleistung untersucht und die Tropfengröße und der spez. Schlackenwiderstand bestimmt.

Es zeigte sich, daß die Schlackenmenge für das ESU-Verfahren von wesentlicher Bedeutung ist. So ergeben sich mit abnehmenden Schlakkenmengen höhere Schlackentemperaturen, die u. a. zu größeren Umschmelzleistungen und damit zu einem geringeren spez. Energieverbrauch führen.

Mit steigender Stromstärke bzw. Spannung verringert sich der mittlere Tropfendurchmesser von 10,5 auf 9,5 mm. Diese Abnahme ist nicht auf eine Beeinflussung der Grenzflächenspannung durch die gleichzeitig auftretende Erhöhung der Schlackentemperatur, sondern auf elektrodynamische Kräfte zurückzuführen.

Der spez. Schlackenwiderstand läßt sich in erster Näherung direkt an der ESU-Anlage durch Messung des Abstands Elektrodenspitze-Sumpf bei bekannten Werten für Stromstärke und Spannung bestimmen. Nach dieser Untersuchungsmethode ergab sich mit steigender Stromstärke bzw. Spannung eine Abnahme des spez. Widerstands. Der Grund liegt in der mit steigender Temperatur stärkeren Dissoziation der Schlakke.

Durch ein kontinuierliches Legieren mit metallischen Legierungskomponenten lassen sich angestrebte Legierungsgehalte im umgeschmolzenen Stahl einstellen. Um die Verschlackungsrate der zugegebenen Legierungskomponenten möglichst gering zu halten, sind bestimmte Voraussetzungen hinsichtlich der Schlackenzusammensetzung einzuhalten. So läßt sich z. B. der Legierungsabbrand durch einen bestimmten Oxidanteil des Legierungselements in der Schlacke nicht unwesentlich einschränken.

Bei den metallurgischen Untersuchungen zeigt sich, daß die Entschwefelung über die Gasphase in überwiegendem Maße für Größe und Geschwindigkeit der Gesamtentschweflung verantwortlich ist. Dabei sind für eine hohe Umsatzgeschwindigkeit einige Voraussetzungen sehr wichtig. So wird die Entschwefelung über die Gasphase durch geringere Schlackenmengen und die dadurch heißeren Schlakkenbadoberflächen positiv beeinflußt. Ein Spülen der Schlacke mit Argon und der dadurch bedingten Verringerung des Sauerstoffpotentials der Tiegelatmosphäre führt dagegen zu einer geringeren Entschwefelung. Über eine Steigerung der Stromstärke durch Verringerung des Abstands Elektrodenspitze-Sumpf ist trotz höherer mittlerer Schlackentemperatur keine bessere Entschwefelung zu erzielen, da in diesem Fall die Elektrode tiefer in der Schlacke steht und sich somit keine Temperatursteigerung der Schlackenbadoberfläche ergibt.

Die sich im umgeschmolzenen Stahl einstellenden Sauerstoffgehalte werden durch die in den Arbeitsschlacken vorliegenden Eisenoxidgehalte bestimmt. Der größte Anteil der Eisenoxide wird dabei über den Zunder der Elektrode in die Schlacke gebracht. Es hat sich nicht als vorteilhaft erwiesen, die Eisenoxidgehalte durch eine kontinuierliche Aluminiumzugabe gering zu halten; vielmehr stellten sich dann bedeutend höhere Sauerstoffgehalte im umgeschmolzenen Stahl ein. Der Grund liegt darin, daß nur ein Teil des gebildeten Aluminiumoxids abgeschieden wird. Wirkungsvoller läßt sich der Einfluß der Eisenoxide durch größere Schlackenmengen und dem damit verbundenen Verdünnungseffekt verringern. Zugaben von Oxiden mit unterschiedlichen Sauerstoffpotentialen zur üblichen Al_2O_3-CaO-CaF_2-Schlacke haben gezeigt, daß die Sauerstoffgehalte im umgeschmolzenen Stahl umso höher liegen, je größer die Aktivität und damit das Sauerstoffpotential des betreffenden Oxids ist.

Der Gehalt an Wasserstoff im umgeschmolzenen Stahl bei normalem Umschmelzen ist nur sehr gering und auch bei kleinen Ausgangsgehalten von 0,4 cm^3/100 g Fe sind nur unwesentliche Wasserstoffaufnahmen bis max. 2 cm^3/100 g Fe zu verzeichnen. Eine Erhöhung der Luftfeuchtigkeit im Umschmelzbereich führt zu erheblichen Wasserstoffaufnahmen im umgeschmolzenen Material.

Beim Umschmelzen unter eisenoxidhaltigen Schlacken und dem damit verbundenen Sauerstoffübergang in den Stahl ergeben sich zum Teil starke Kohlenstoff- und Manganverluste, die umso größer sind, je höher der Eisenoxidgehalt der Schlacke ist. Verringern läßt sich der Abbrand dieser Legierungselemente durch eine kontinuierliche Aluminiumdesoxidation. Einen wesentlichen Einfluß auf den Abbrand übt die Schlackenmenge aus. So verringert sich der Kohlenstoffabbrand mit steigenden Schlackenmengen, da auf Grund der relativ niedrigeren Eisenoxidgehalte nach dem Verteilungsgleichgewicht ein geringerer Sauerstoffübergang in den Stahl stattfindet. Dagegen kommt es trotzdem zu einem zunehmenden Manganabbrand. Hier wirkt sich die Temperaturabhängigkeit der Manganverschlackung stärker aus als die Änderung der Eisenoxidgehalte.

Zusammenfassend kann gesagt werden, daß optimale Ergebnisse - besonders im Hinblick auf Raffination und Legierungserhalt - durch eine gezielte Steuerung der metallurgischen Reaktionsabläufe über technische wie auch über physikalisch-chemische Eingriffe zu erzielen sind.

6. Literaturzusammenstellung

1) W. Holzgruber, E. Plöckinger:
Stahl und Eisen 88 (1968), Heft 12, S. 638 - 648

2) ESC - Review Nr. 5, 1967

3) R. Kammel, H. Winterhager:
Zeitschrift für Erzbergbau und Metallhüttenwesen (Erzmetall), Sept. 1968, Heft 9, S. 399 - 405

4) J.W. Latasch:
Awtomat. Swarka (1958), Heft 6, S. 76 - 83

5) M.M. Klynev, V.V. Topilin, E.V. Voinnovskii:
Avt. Swarka (1962), Nr. 6, S. 44 - 48

6) J.A. Garevskich, Ju.A. Schulte, W.D. Maksimenko, B.S. Speranskij:
Stal in Deutsch 1962, Heft 7, S. 643 - 645

7) V.I. Kasin, O.D. Moldavskij, A.Ju. Poljakov, A.M. Samarin, V.M. Spieberg:
Freiberger Forschungsheft, B 126, S. 97 - 106

8) C.K. Cooper, D.A. Kay:
JISI Sept. 1970, S. 856 - 859

9) M. Wahlster, H.J. Klingelhöfer, A. Choudhury:
Mitteilung aus der Zentralabteilung Forschung der Rheinstahl Hüttenwerke A.G., Hattingen-Ruhr

10) D.J. Swindon:
Sheffield University, Dept. of Metallurgy

11) J. Verge, G. Lamarque:
"Heurty", Bulletin d'information, H. 46, April 1969, S. 39 - 49

12) R. Rocca u.a.:
Trans. AIME 191 (1951), S. 319 - 325

13) H. Neuhaus, H.-J. Langhammer, H. Kosmider, H. Schenck:
Stahl und Eisen 82, (1962), S. 1279 - 1287

14) B.I. Medovar u. Mitarb.:
"Electroslag remelting", State scientific and technical publishing house of literature on ferrous and non-ferrous metallurgy, 1963, Moscow

15) V.V. Topilin, M.M. Kljnev, E.V. Vojnovskij, V.M. Doronin, D.P. Rozanov:
Stal in Deutsch (1964), H. 1, S. 40 - 45

16) A.C. Williams:
Journal of the Iron and Steel Institute, July 1964, S. 581 - 587

17) J. Hlineny, Z. Buzek:
Freiberger Forschungshefte (1969), Bd. 117, S. 189 - 207

18) E. Plöckinger:
Radex-Rundschau 1962, Heft 6, S. 291 - 302

19) W. Richling:
Neue Hütte, Sept. 1961, H. 9, S. 565 - 572

20) M. Wahlster, A. Choudhury, K. Forch:
Stahl u. Eisen 88 (1968), H. 22, S. 1193 - 1202

21) A.F. Tregubenko, W.G. Speranskij, S.A. Lejbenson:
Stal in Deutsch 1961, H. 7, S. 683 - 688

22) V.I. Javojskij:
"Stal", (1947), S. 796 - 807
"Stal", (1949), S. 1071 - 1078

23) H.I. Walsh, I. Chipman, T.B. King, N.I. Grant:
J. Metals 8 (1956) 11, S. 1568 - 1576

24) G.S. Ersov u.a.:
Izv. Vuzov, cern. met. (1961) 6, S. 34 - 41

25) B.E. Paton, B.I. Medovar, Yu.V. Latash u.a.:
Stal in Deutsch 1963, H. 5, S. 487 - 492

26) N. Robinson, J.A. Grainger:
Metallurgia (1963) 67, S. 161 - 169

27) J.W. Latasch, B.I. Medovar:
Awtomat.Swarka (1959), H. 3, S. 45 - 50

28) F.D. Richardson, J.H.E. Jeffes:
J.Iron Steel Inst., 163 (1949), S. 397 - 420

29) F.D. Richardson, J.H.E. Jeffes:
J. Iron Steel Inst., 171 (1952), S. 165 - 175

30) R.J. Hawkins, M.W. Davies:
Journal of the Iron and Steel Institute,
March 1971, S. 226 - 230

31) P.N. Smith, M.W. Davies:
Extrakt from Transactions / Section C of the
Institution of Mining and Metallurgy, Vol. 80
(1971), S. C 87 - C 92

32) W.A. Fischer, H.J. Fleischer:
Arch. Eisenhüttenwesen 32 (1961) S. 1 - 10

33) H.J. Klingelhöfer, A. Choudhury, P. Mathis:
Anlage 1 der Einladung zur Sitzung des Unterausschusses für hpys. Chemie am 18.9.1971,
Metallurgie des ESU-Verfahrens

34) G. Holfert, J. Lambrecht, W. Praske:
Freiberger Forschungsheft, B 122, S. 155 - 168

35) B.I. Medovar, Yu.V. Latash, B.I. Maksimovich, L.M. Stupak:
Avt. Svarka, 1960, (12)

36) H.F. Klärner, H.J. Fleischer, K. Böhnke:
Verein Deutscher Ingenieure, VDI-Z, Band 112
1970, Nr. 21, S. 1405 - 1410

37) Y.V. Latash:
Avt. Svarka,1965, Nr. 9, S. 30 - 34

38) I. Tripsa, D. Cosma, K. Stricker:
Freiberger Forschungsheft Bd. 126, S. 115 - 126

39) A. Sickbert, G. Stolte:
Elektrowärme international 28 (1970) 4, S. 185 - 191

40) M. Wahlster, A. Choudhury:
Rheinstahl-Technik 2/67, S. 31 - 36

41) B.I. Medovar, M.M. Kljuev, O.P. Bondavenko u.a.:
Stal in Deutsch (1966) H. 6, S. 555 - 560

42) Betriebs- und Wartungsanleitung der Fa. Leyboldt - Heraeus, Hanau

43) N.P. Fomiceva, M.M. Kljuev, V.V. Topilin u.a.:
Stal in Deutsch 1967, Heft 5, S. 456 - 459

44) A. Gad:
Dr.-Ing. Dissertation RWTH Aachen, 1969

45) V.V. Panin, O.B. Borovskii, I.S. Ivakhenko, S.A. Iodkovskii:
Avt. Svarka 1964, Nr. 2, S. 72 - 74

46) H.J. Eckstein, W. Richling, H. Braun:
Freiberger Forschungsheft Bd. 126, S. 143 - 152

47) A.C. Williams:
Electroslag refinging of steel

48) J.R. Heimbach:
Dr.-Ing. Dissertation, RWTH Aachen, 1970

49) D.C. Hilty, W. Crafts:
Stahl und Eisen 71 (1951), S. 144 - 146

50) L. Antoine, A. Boucher, G. Guibert, P. Jallas:
Mémoires Techniques, Revue de Métallurgie, Juillet-Aout 1967, S. 623 - 633

51) E.T. Turkdogan, L.S. Davis, L.E. Leake, D.G. Stevens:
J. Iron Steel Inst. 181 (1955) S. 123 - 128

52) H.C. Vacher, E.H. Hamilton:
Trans. Amer.Inst. min. metallurg. Engr. 95 (1931), S. 124 - 140

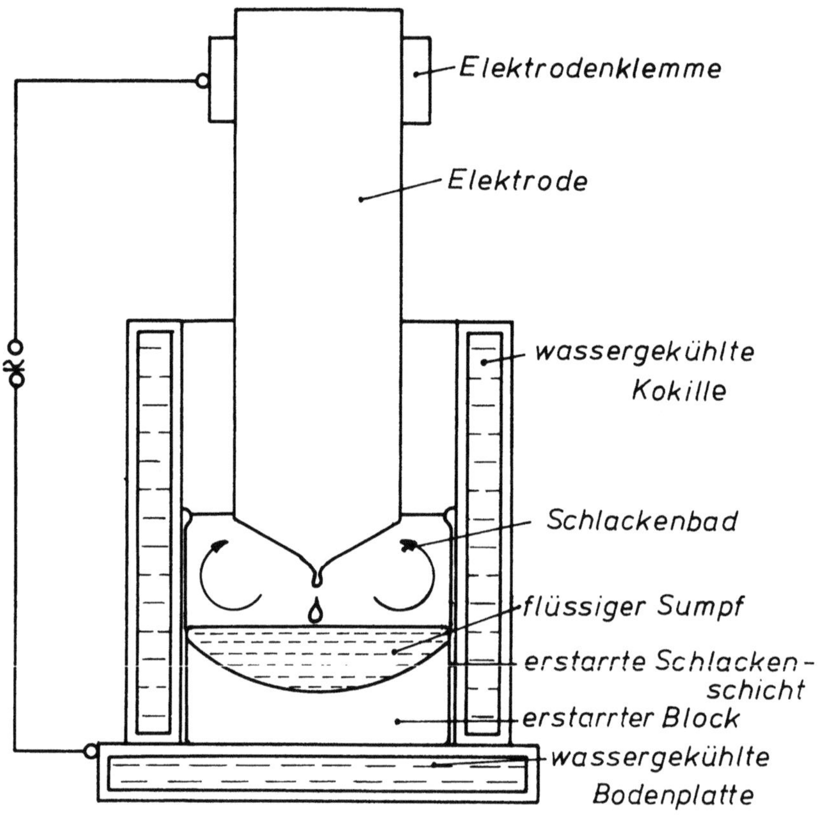

Abb. 1: Schematische Skizze des ESU-Verfahrens nach 1)

Gehalt in %						Anwendung
CaF_2	CaO	MgO	TiO_2	Al_2O_3	SiO_2	
70				30		Gute Entschweflung, aber Ti- und Al- Verlust
70	15			15		Wie oben, aber bessere Entschweflung
60	20			20		Für Stähle ohne Ti und B, sichert max. Entschwefl.
50			25	25		Vermindert Ti- Verlust, schlechte Entschweflung
51	13	2	25		9	El. Leitfähigkeit im festen Zustand, Startschl.

Abb. 2: Beispiele für typische Schlackenzusammensetzungen nach 2)

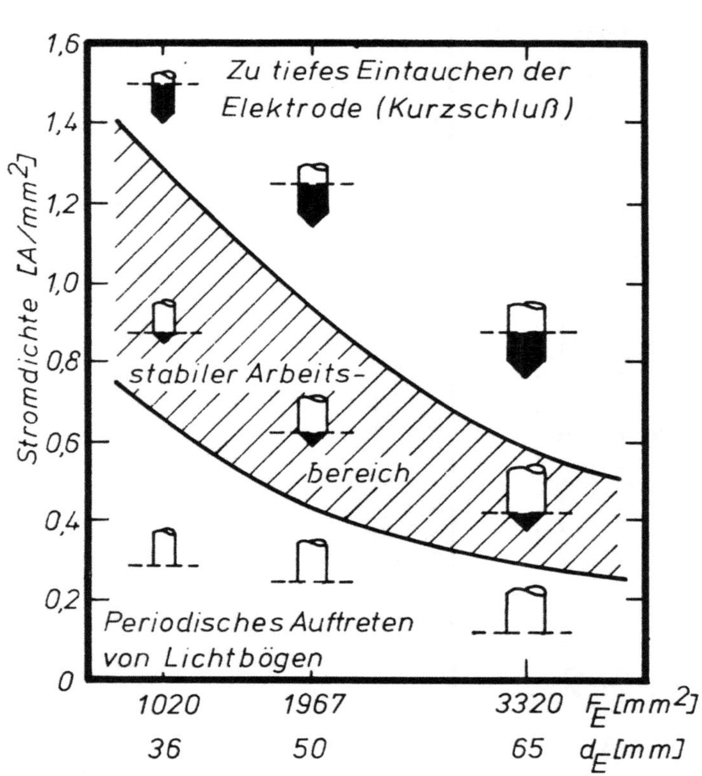

Abb. 3: Bereich stabiler Schmelzführung für verschiedene Elektrodendurchmesser nach 4)

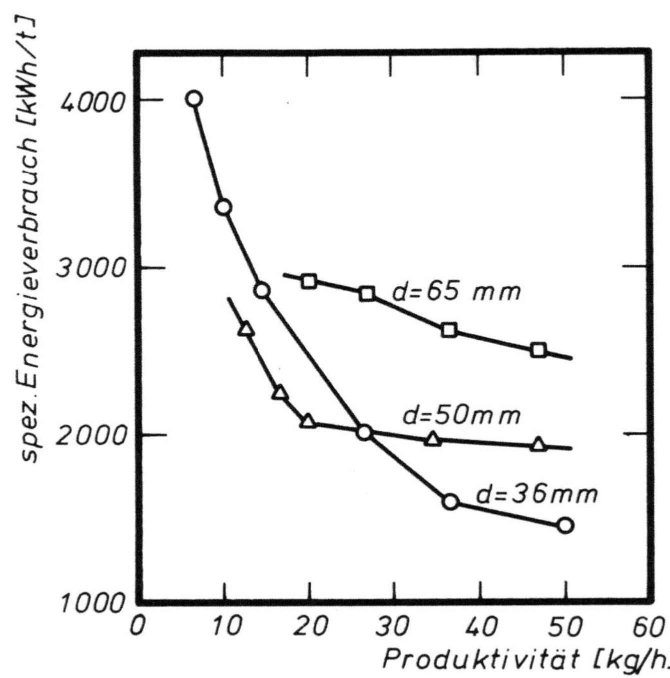

Abb. 4: Abhängigkeit des spez. Energieverbrauchs von der Produktivität bei verschiedenen Elektrodendurchmessern nach 4)

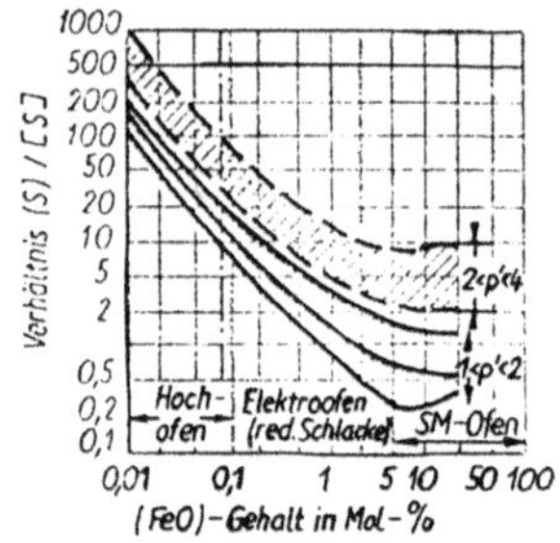

Abb. 5: Der Einfluß des FeO-Gehaltes der Schlacke auf deren Entschwefelungsfähigkeit nach 12) (p' = CaO/SiO_2)

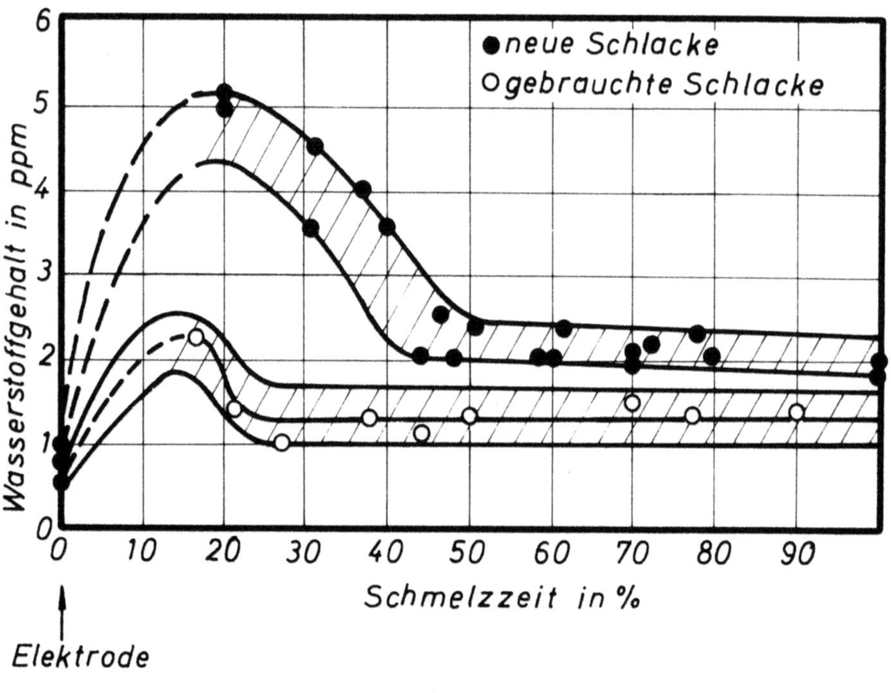

Abb. 6: Verhalten des Wasserstoffs während des Umschmelzens nach 9)

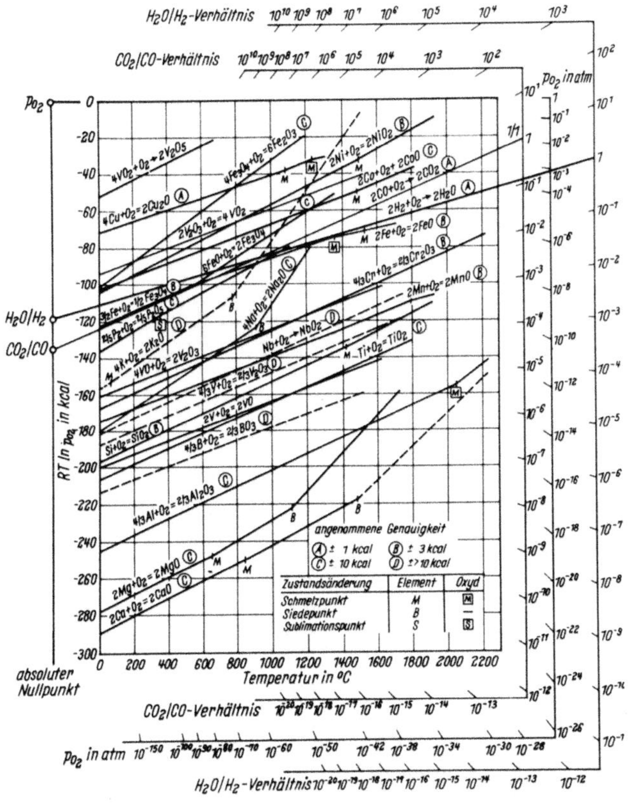

Abb. 7: Temperaturabhängigkeit der RT ln p_{O_2}-Werte einiger Metalloxide nach 28) 29)

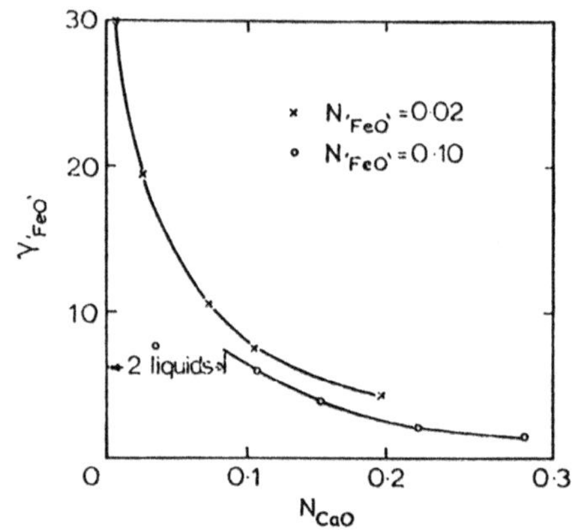

Abb. 8: Aktivitätskoeffizient γ_{FeO} in CaO-CaF_2-FeO-Schlacken bei $1450^{\circ}C$ in Abhängigkeit vom CaO-Gehalt nach 30)

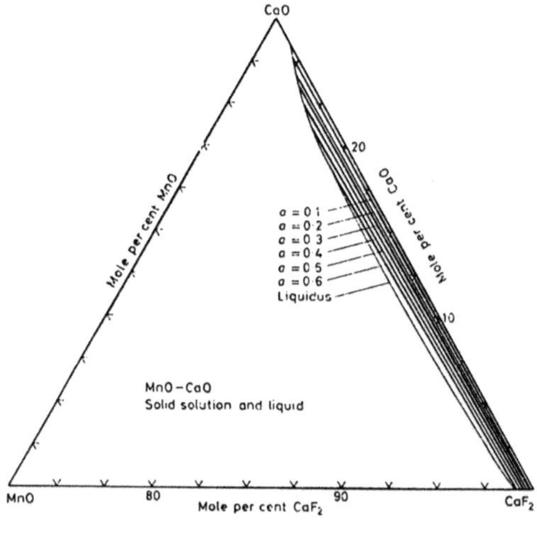

Abb. 9: Das Dreistoffsystem CaF_2-CaO-MnO mit den Isoaktivitätslinien des MnO bei $1500^{\circ}C$ nach 31)

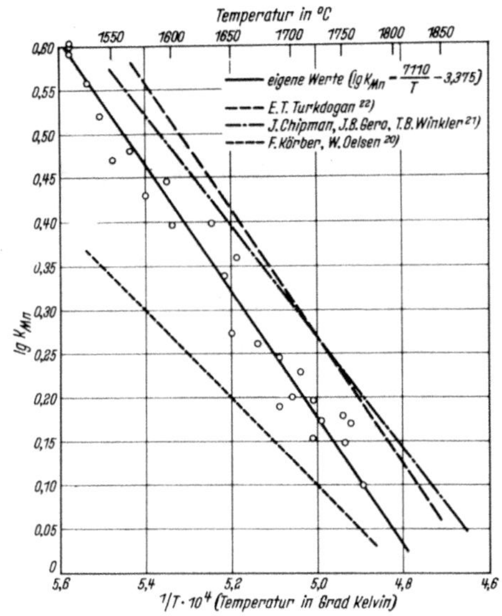

Abb. 10: Die Temperaturabhängigkeit von lg K_{Mn} nach 32)

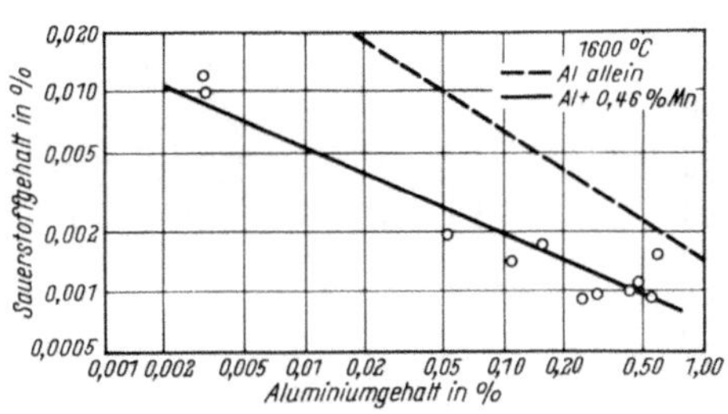

Abb. 11: Die Löslichkeit von Sauerstoff in flüssigem Eisen mit 0,46 % Mn bei 1600°C und gleichzeitiger Anwesenheit unterschiedlicher Aluminiumgehalte nach 49)

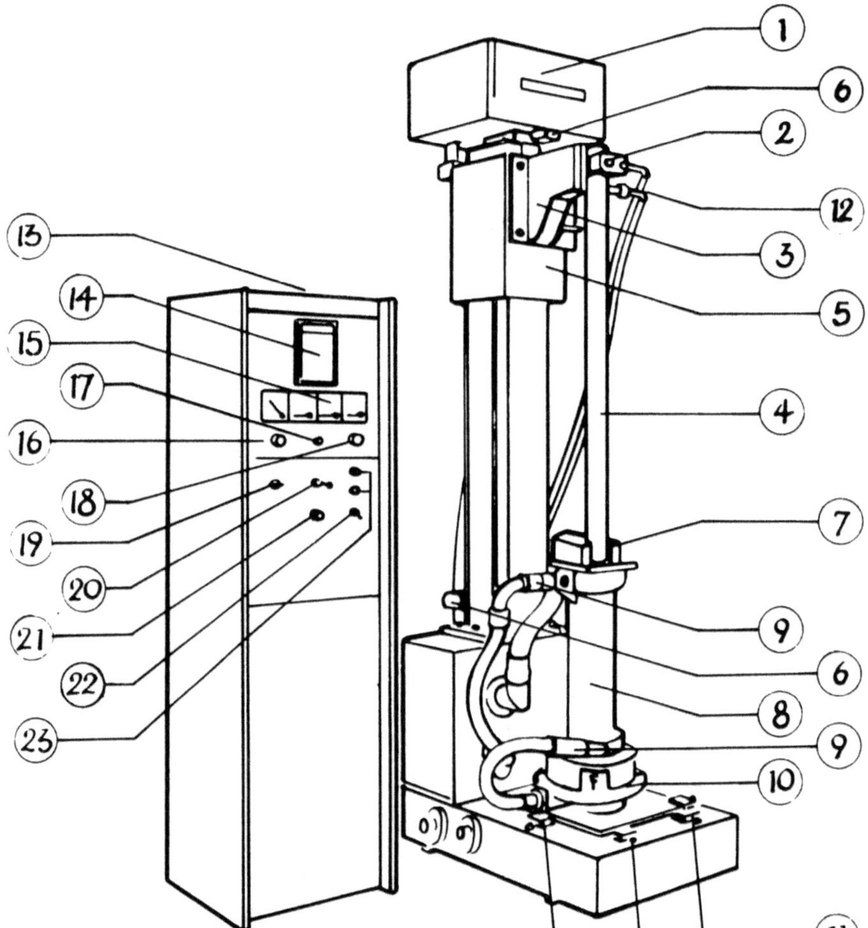

Abb. 12: Versuchsanlage nach 42)

Erläuterung zu Abbildung 12

1 Getriebekasten

2 Elektrodeneinspannvorrichtung

3 Abschwenkbarer Galgen

4 Elektrode

5 Vorschubschlitten

6 Oberer und unterer Endschalter

7 Dampfabsaugung

8 Wassergekühlter Kupfertiegel

9 Schnellverschlüsse für Wasserkühlung

10 Wassergekühlte Bodenplatte

11 Stellschrauben zur Justierung des Tiegels

12 Wassergekühlte Stromkabel

13 Steuerpult

14 Zweilinienschreiber (Strom, Spannung)

15 Meßinstrumente (Regelabweichung, Spannung, Leistung, Strom)

16 Potentiometer: Regelabweichung

17 Signallampe: Betriebsbereit

18 Potentiometer: Schmelzstrom

19 Automatik: Wahlschalter

20 Steuergriff für Handfahrt (Heben und Senken)

21 Potentiometer: Vorschubregelung

22 Schalter für Absaugung

23 Drucktaste für Stromeinschaltung und Signallampe

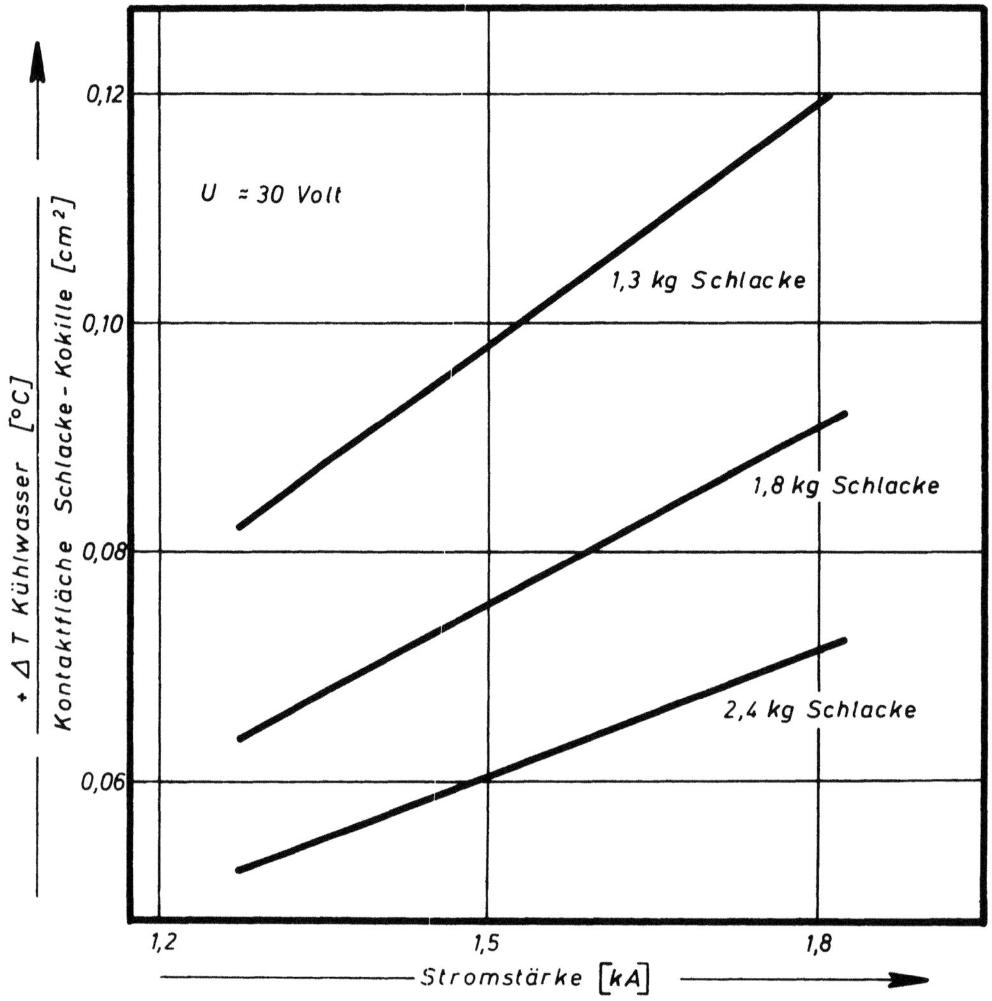

Abb. 13: Die Abhängigkeit der Kühlwassererwärmung von der Stromstärke und der Schlackenmenge

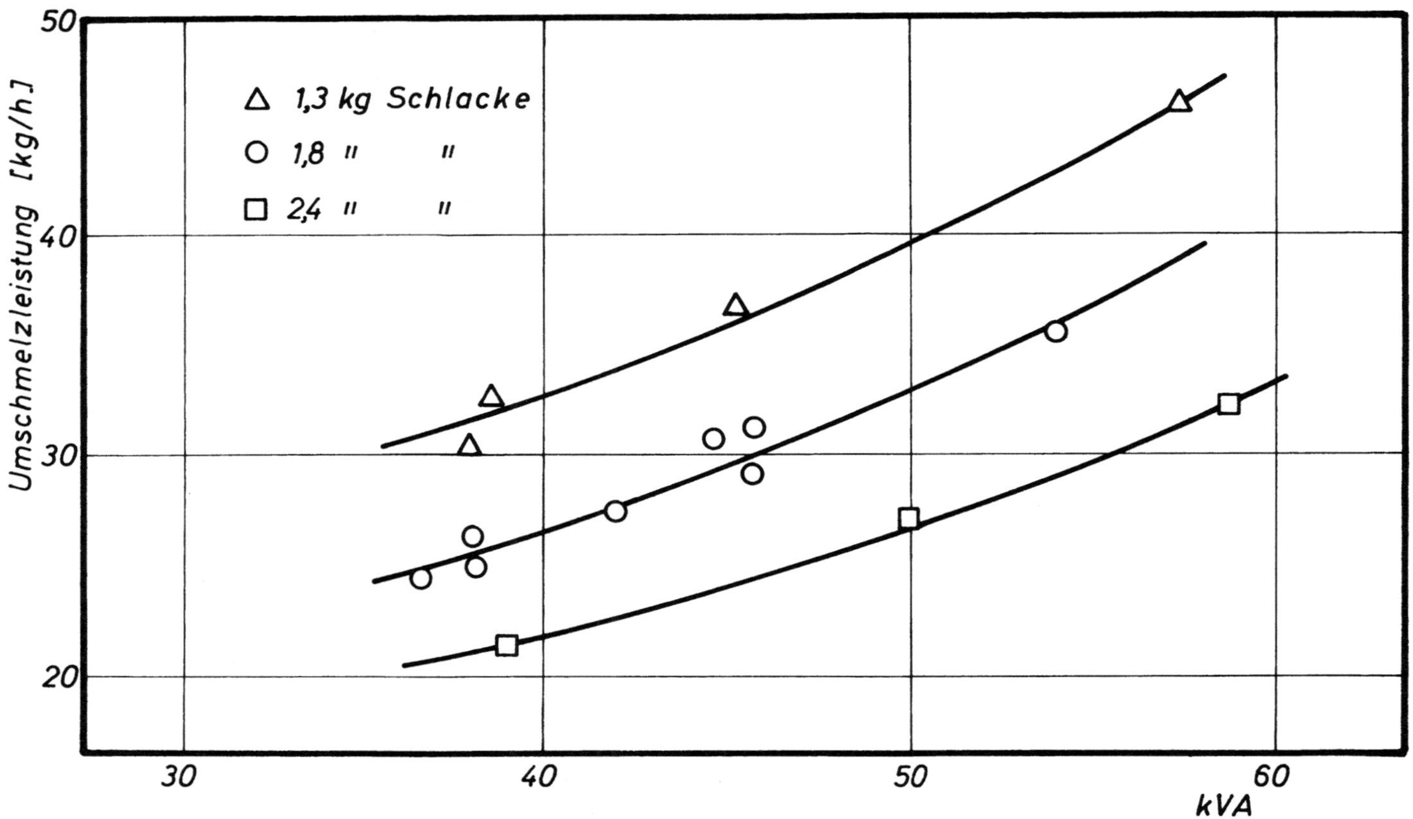

Abb. 14: Der Einfluß der aufgebrachten elektrischen Leistung auf die Umschmelzleistung bei verschiedenen Schlackenmengen

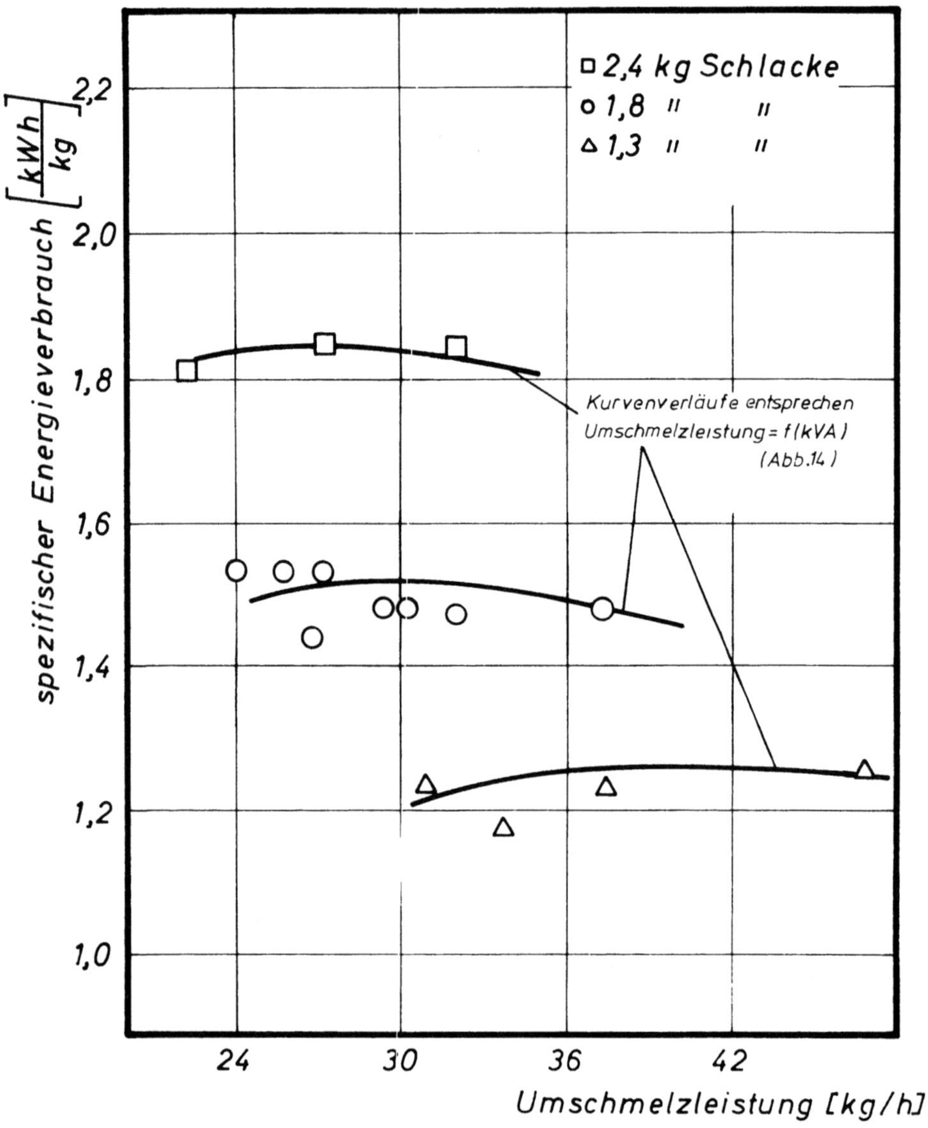

Abb. 15: Zusammenhang zwischen spez. Energieverbrauch und Umschmelzleistung bei verschiedenen Schlackenmengen

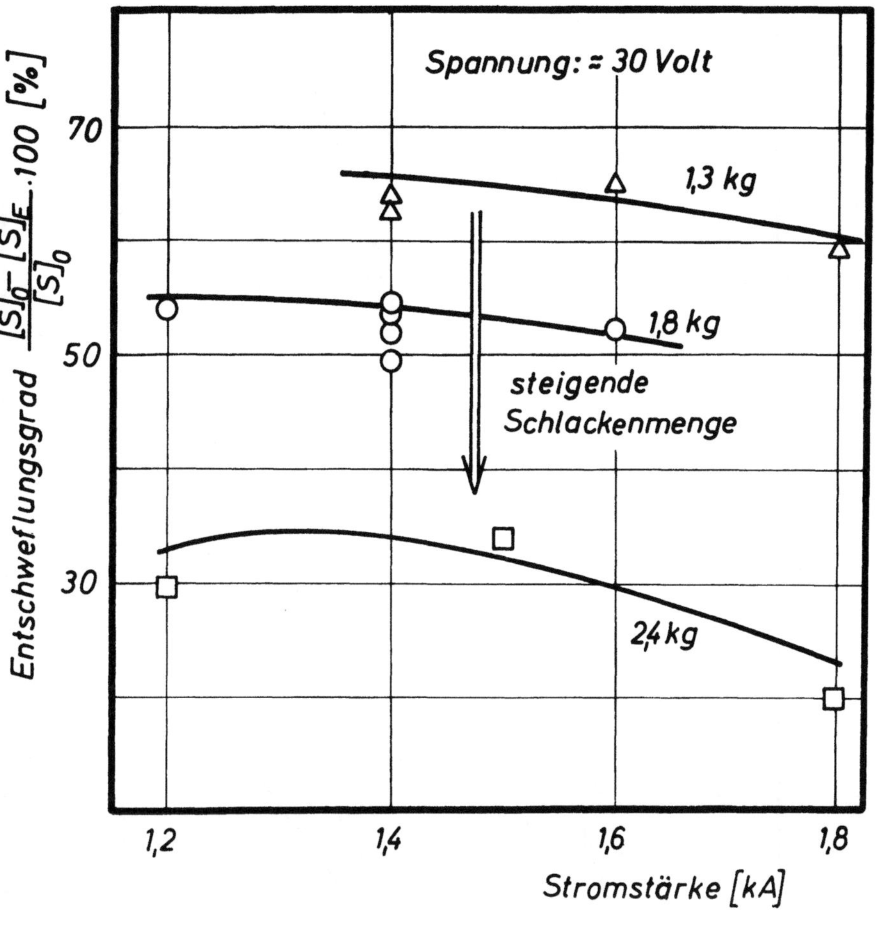

Abb. 16: Abhängigkeit des Entschwefelungsgrades von Stromstärke und Schlackenmenge

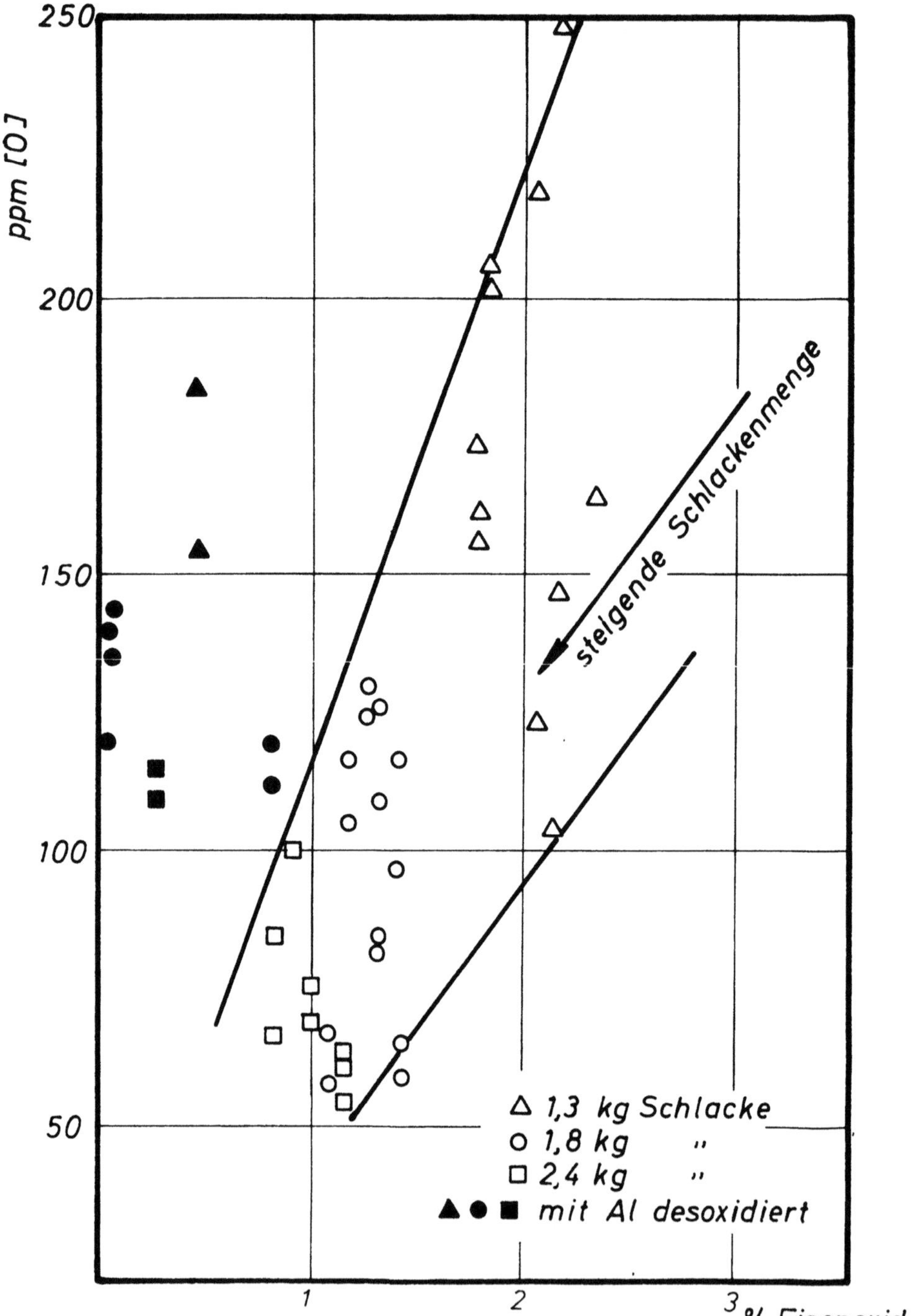

Abb. 17: Zusammenhang zwischen dem im umgeschmolzenen Stahl vorhandenen Sauerstoff und dem in der Schlacke gelösten Eisenoxid

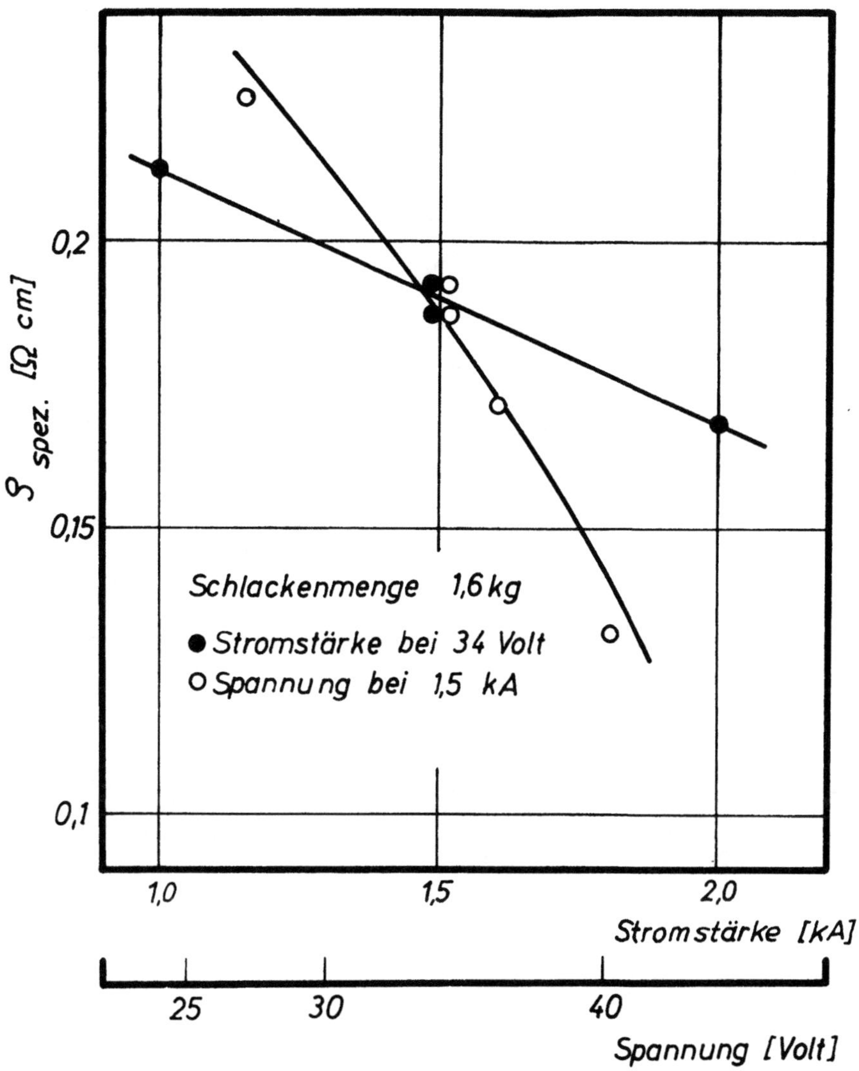

Abb. 18: Zusammenhang zwischen spez. Schlackenwiderstand und Stromstärke bzw. Spannung (Schlackenzusammensetzung: 30 % Al_2O_3 - 30 % CaO - 40 % CaF_2)

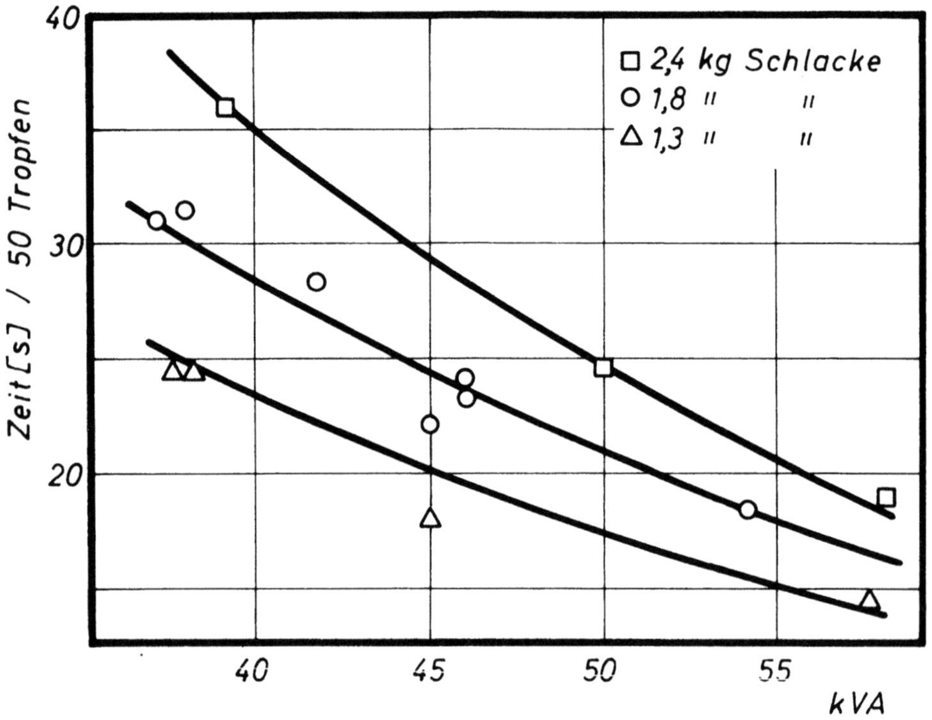

Abb. 19: Zusammenhang zwischen aufgebrachter elektrischer Leistung und Tropfenfrequenz bei unterschiedlichen Schlackenmengen (Schlackenzusammensetzung: 30 % Al_2O_3 - 30 % CaO - 40 % CaF_2)

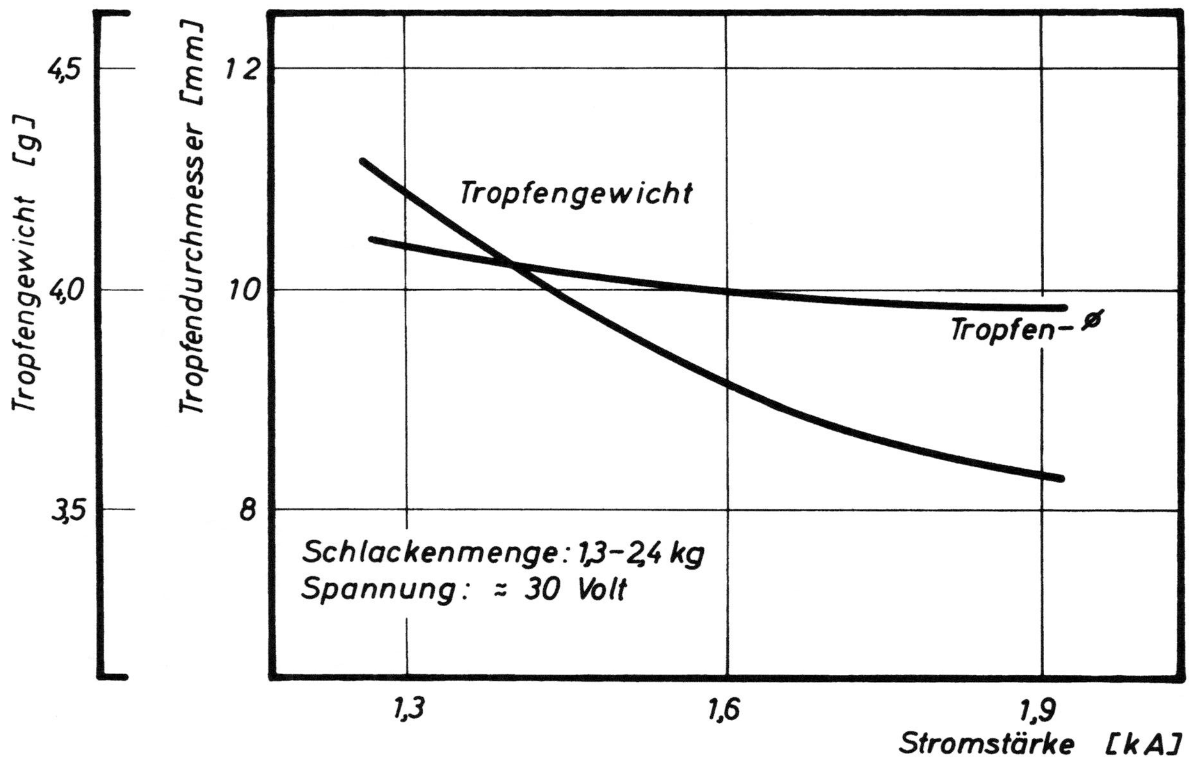

Abb. 20: Zusammenhang zwischen mittlerem Tropfengewicht bzw. Tropfendurchmesser und Stromstärke bei verschiedenen Schlackenmengen (Der Tropfendurchmesser wurde bei einem angenommenen spez. Gewicht von 7,2 g/cm^3 aus dem Tropfengewicht berechnet)

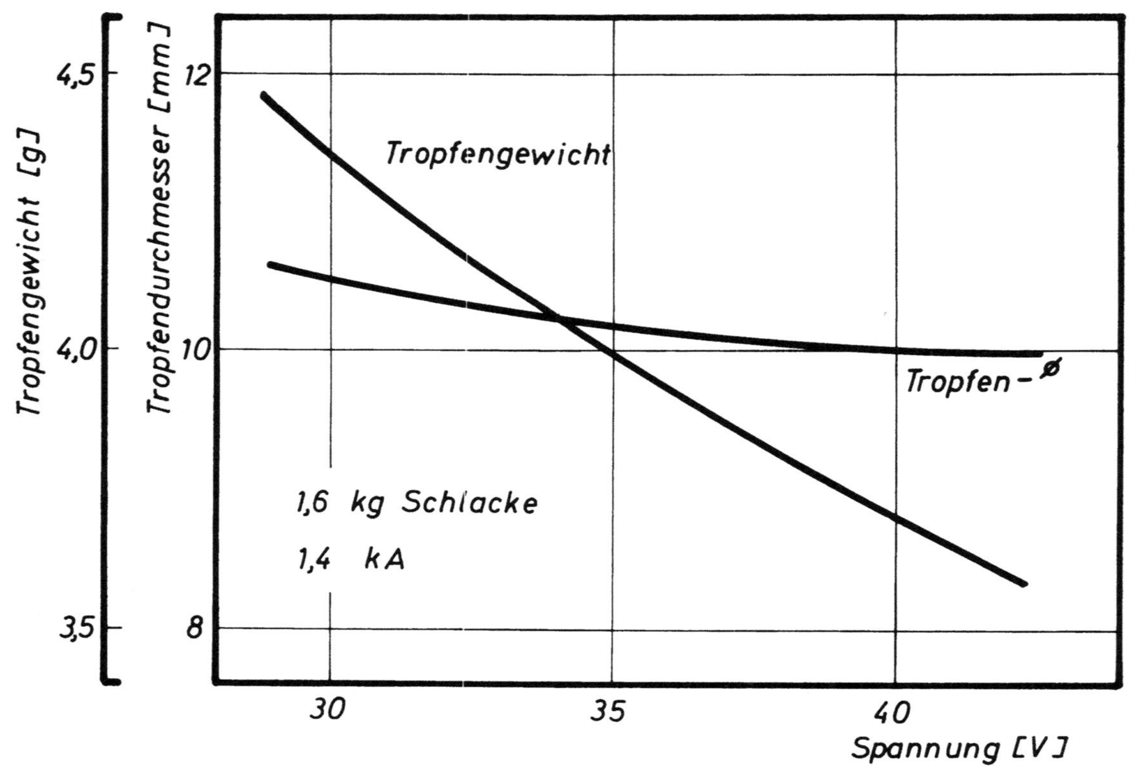

Abb. 21: Zusammenhang zwischen Tropfengewicht bzw. Tropfendurchmesser und angelegter Spannung bei konstanter Stromstärke und Schlackenmenge (Der Tropfendurchmesser wurde bei einem angenommenen spez. Gewicht von 7,2 g/cm^3 aus dem Tropfengewicht berechnet)

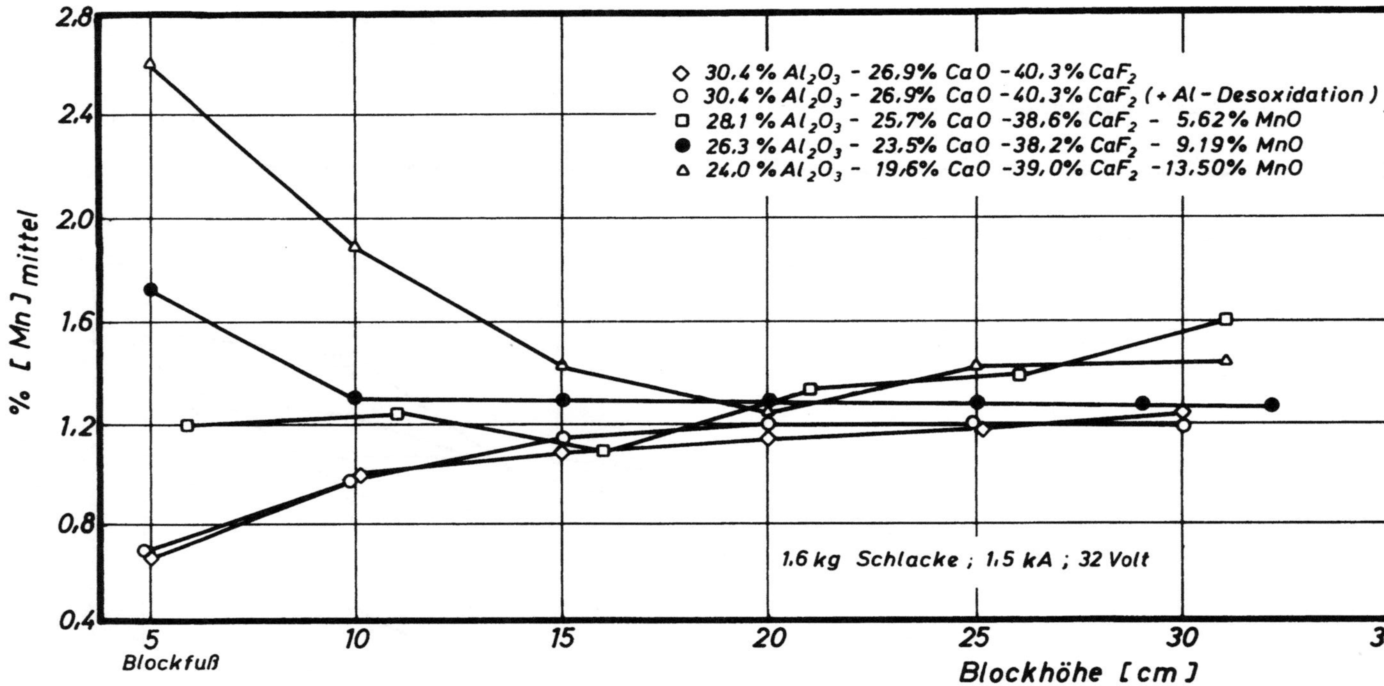

Abb. 22: Die während des Zulegierens von Fe-Mn gelösten mittleren Mangangehalte über der Blockhöhe bei unterschiedlichen Versuchsbedingungen

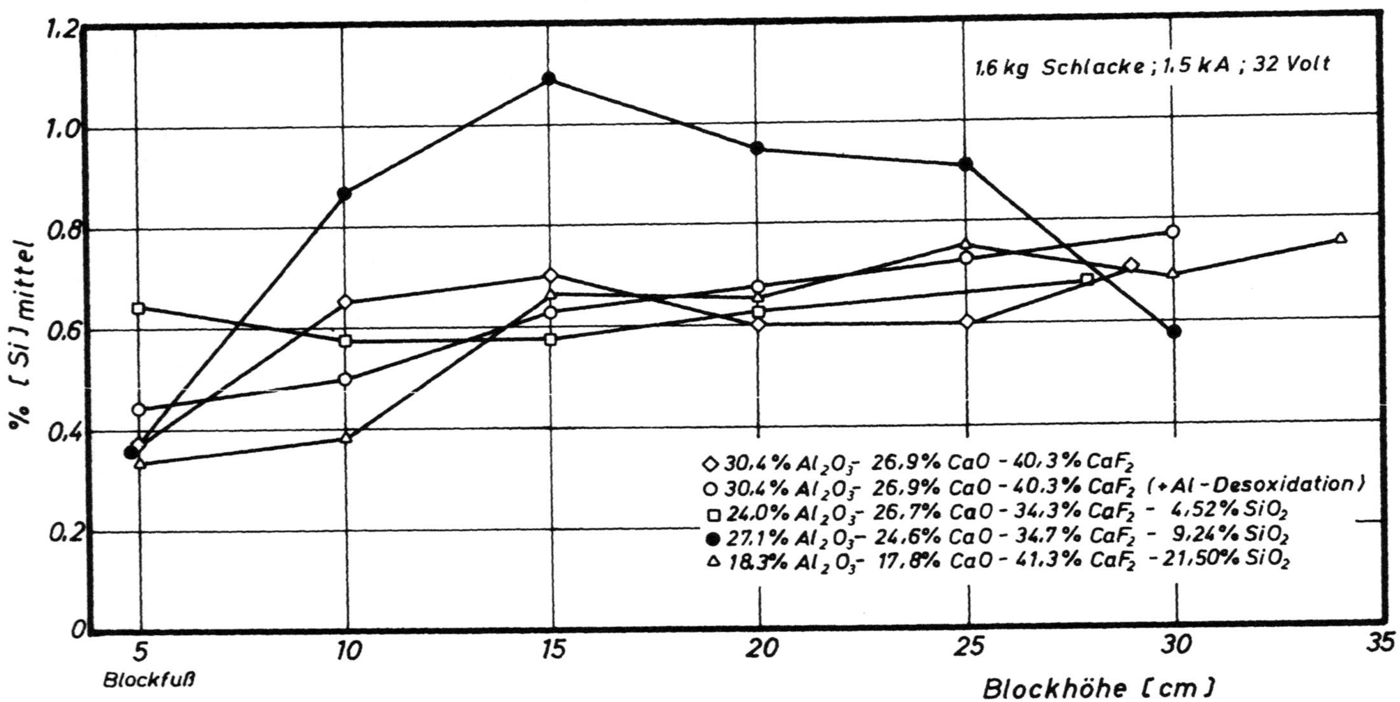

Abb. 23: Die während des Zulegierens von Fe-Si gelösten mittleren Siliziumgehalte über der Blockhöhe bei unterschiedlichen Versuchsbedingungen

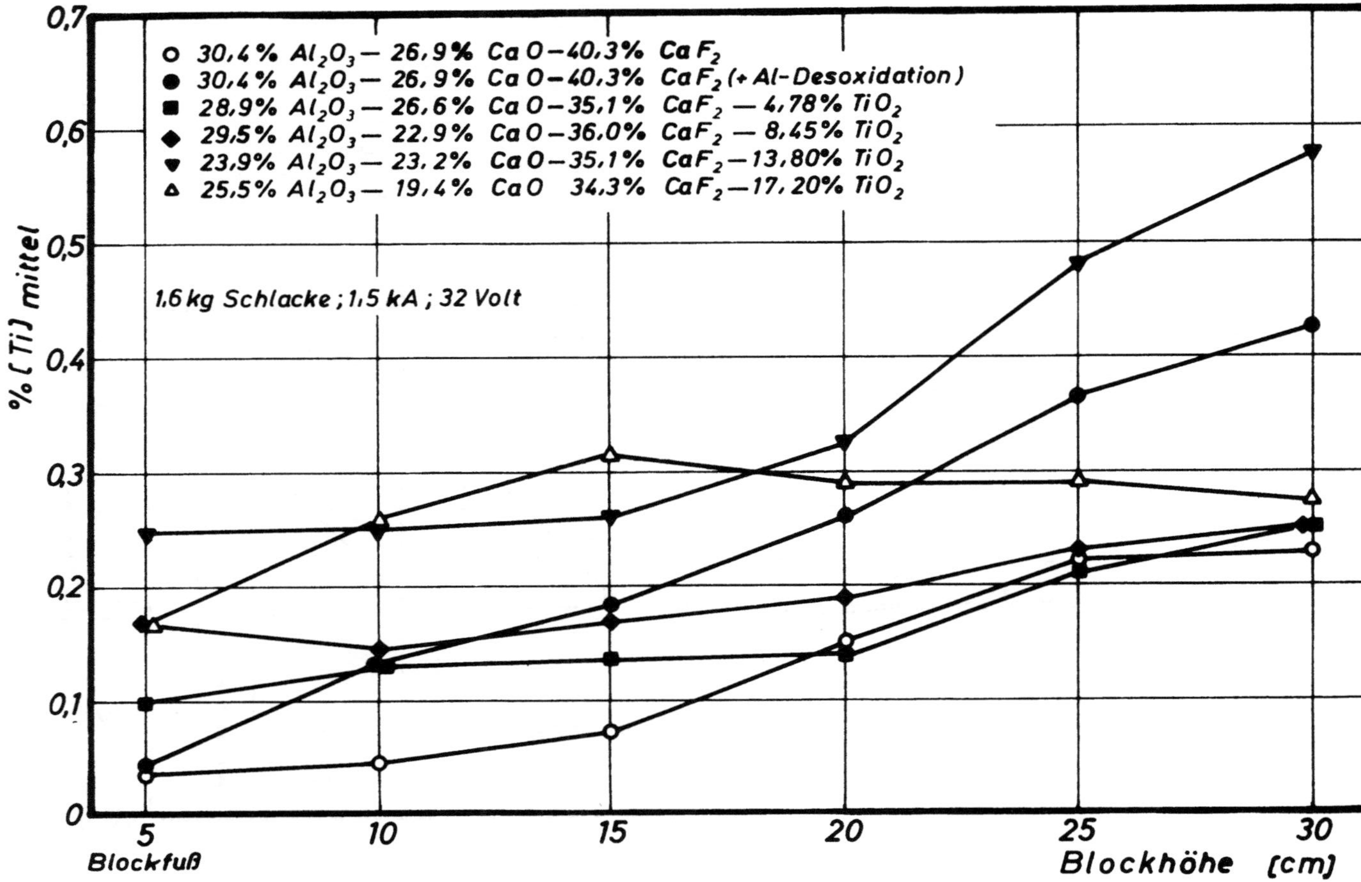

Abb. 24: Die während des Zulegierens von Fe-Ti-gelösten mittleren Titangehalte über der Blockhöhe bei unterschiedlichen Versuchsbedingungen

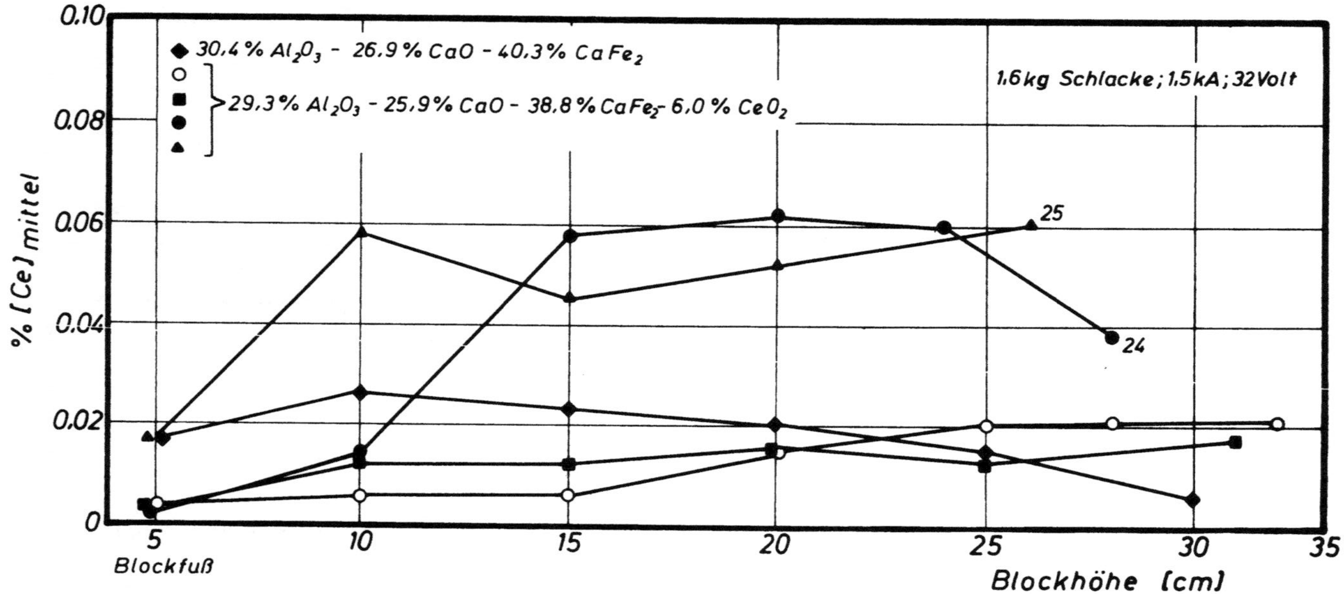

Abb. 25: Die während des Zulegierens von Cer gelösten mittleren Ce-Gehalte über der Blockhöhe bei unterschiedlichen Versuchsbedingungen

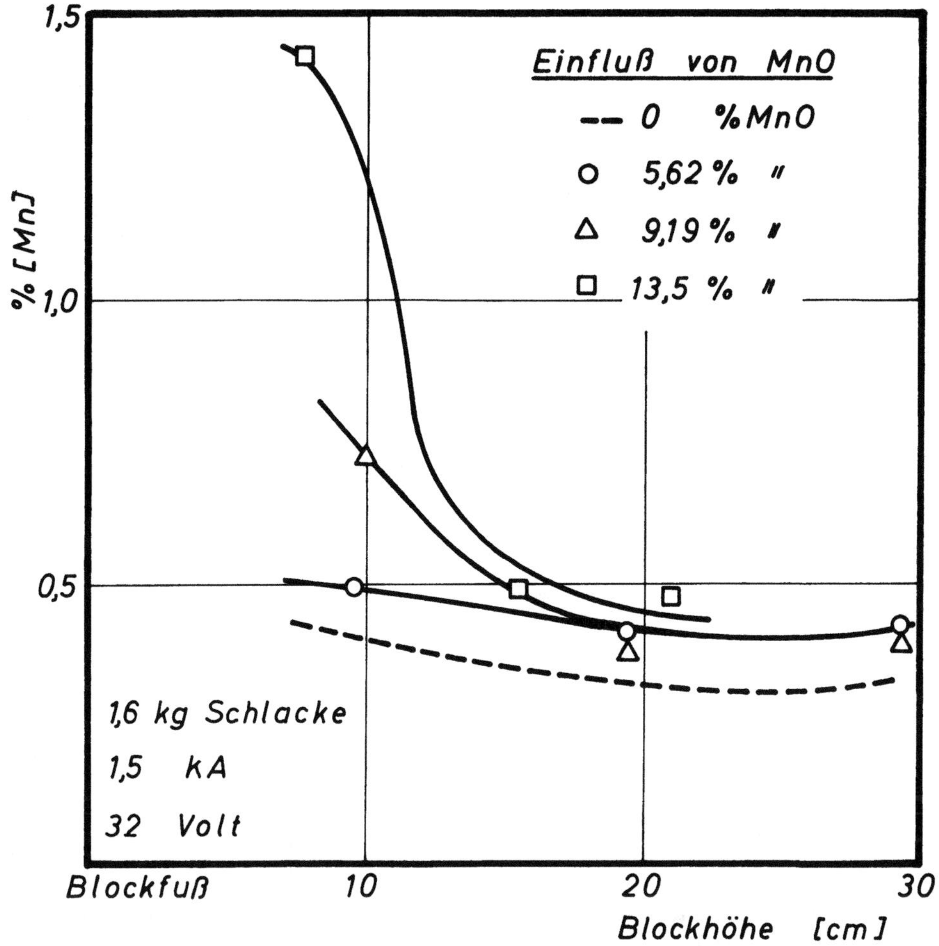

Abb. 26: Die Manganverteilung über der Blockhöhe bei normalem Umschmelzen in Abhängigkeit vom MnO-Anteil der Arbeitsschlacken (Manganausgangsgehalte: 0,42 - 0,51 %)

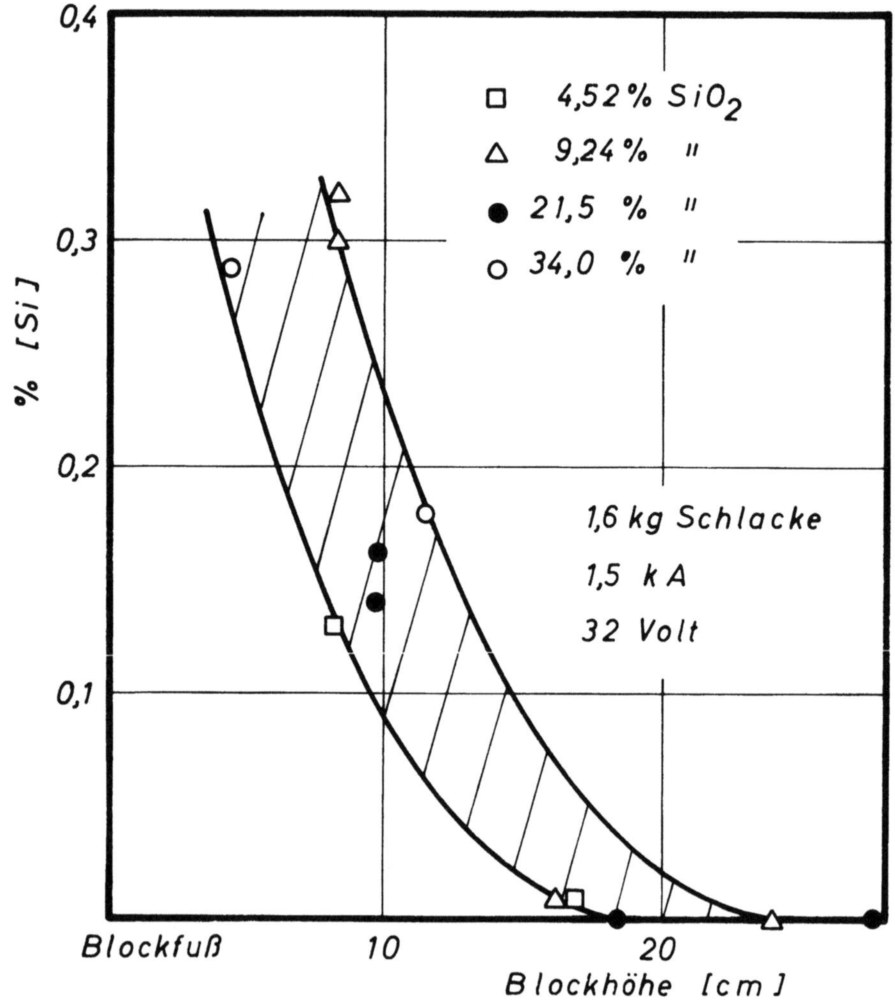

Abb. 27: Siliziumaufnahme über der Blockhöhe bei normalem Umschmelzen in Abhängigkeit vom SiO_2-Gehalt der Arbeitsschlacken

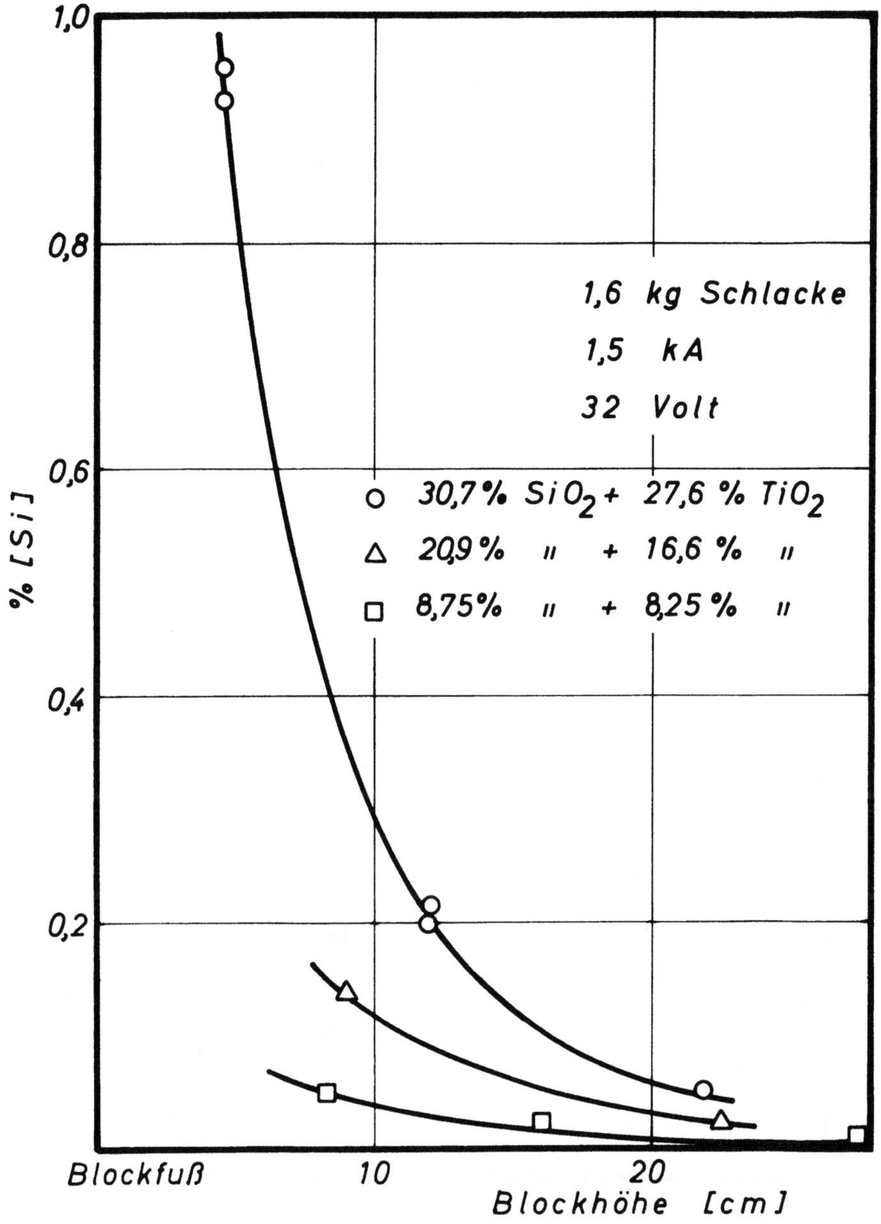

Abb. 28: Siliziumaufnahme über der Blockhöhe bei normalem Umschmelzen in Abhängigkeit vom SiO_2 + TiO_2-Gehalt der Arbeitsschlacken

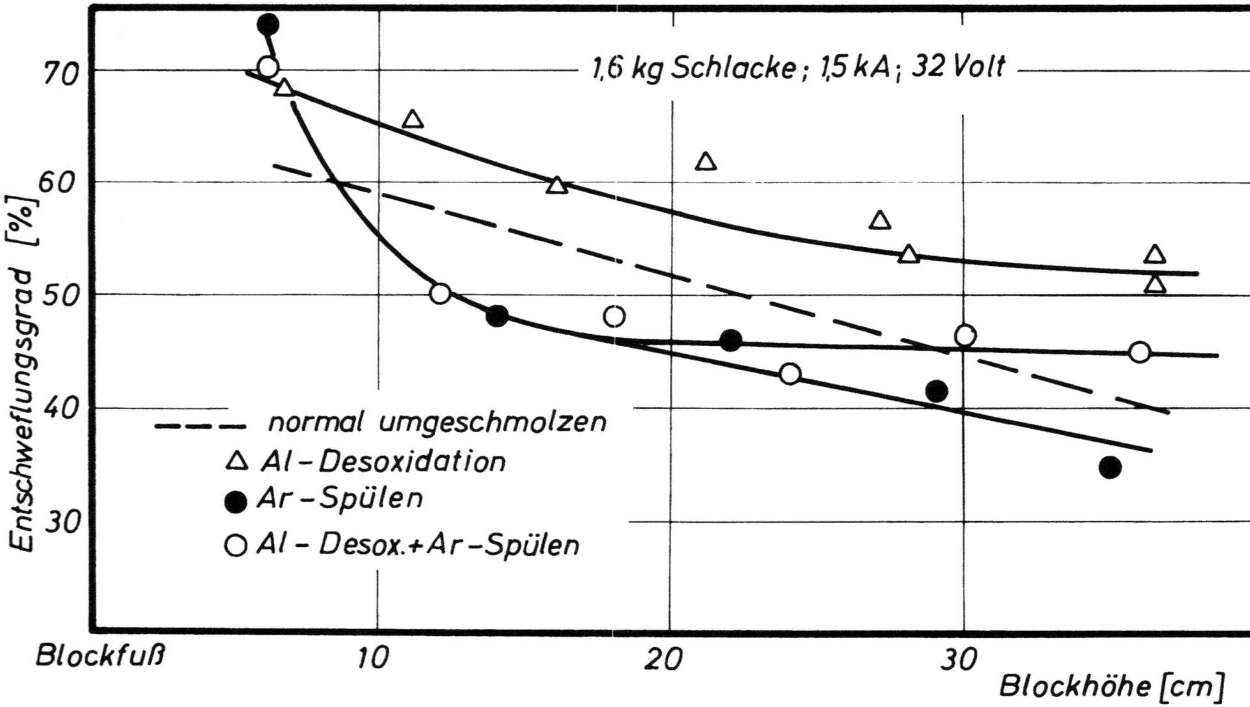

Abb. 29: Änderung des Entschwefelungsgrades über der Blockhöhe bei unterschiedlichen Versuchsbedingungen

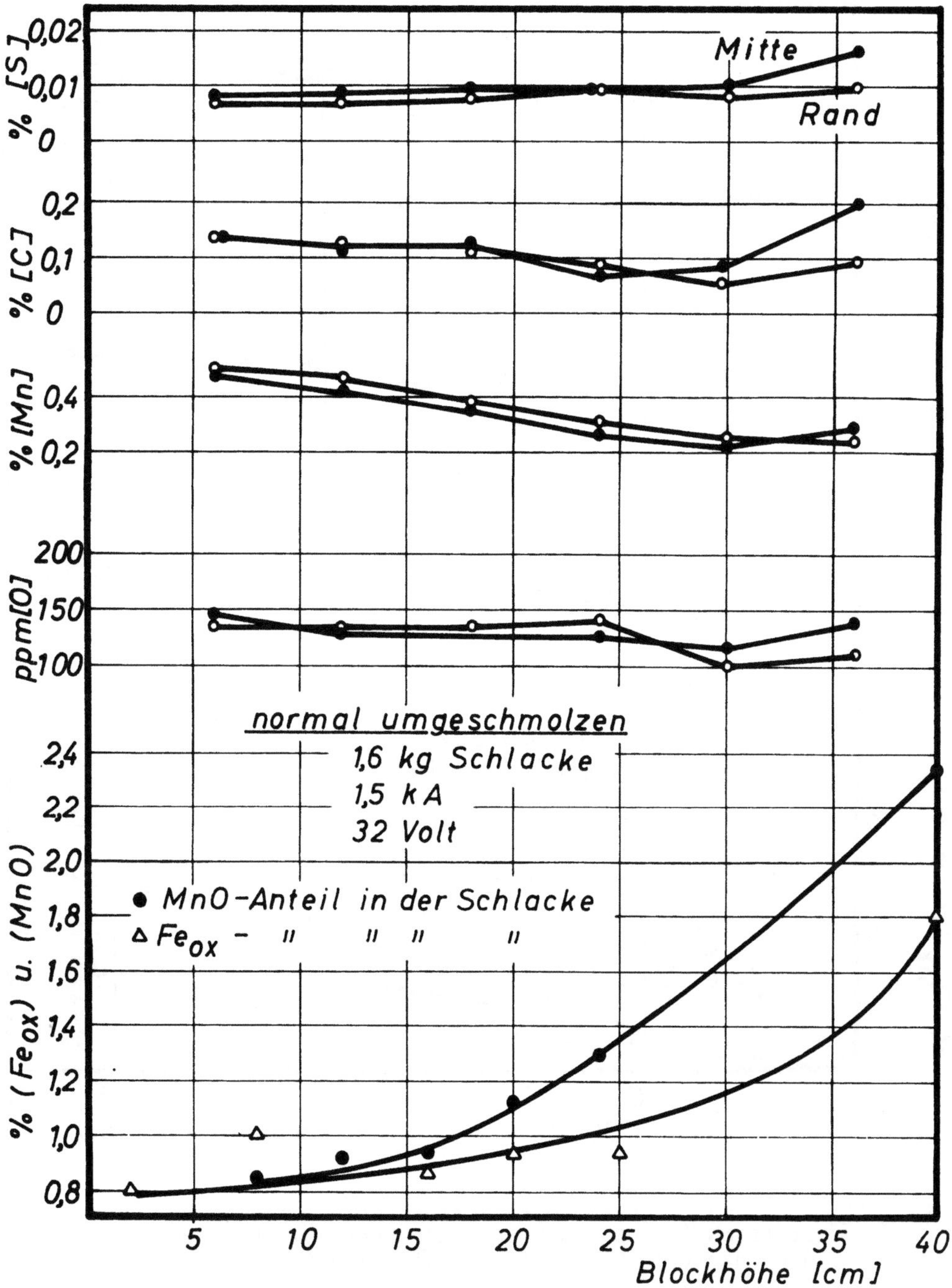

Abb. 30: Änderung der Schwefel-, Kohlenstoff-, Mangan- und Sauerstoffgehalte über der Blockhöhe bei normalem Umschmelzen in Abhängigkeit von den jeweiligen FeO- und MnO-Gehalten in der Schlacke

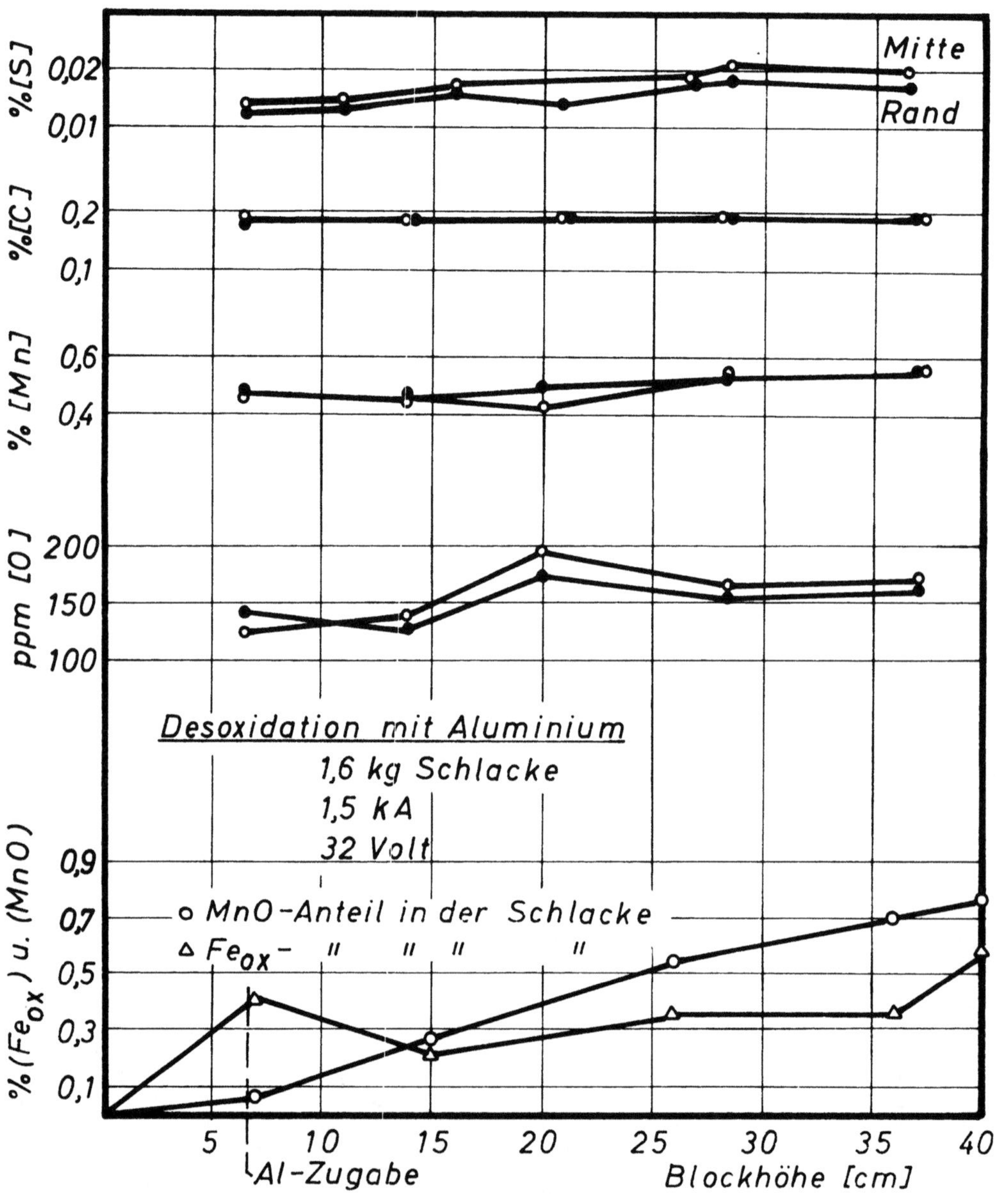

Abb. 31: Änderung der Schwefel-, Kohlenstoff-, Mangan- und Sauerstoffgehalte über der Blockhöhe beim Umschmelzen mit gleichzeitiger Aluminiumdesoxidation in Abhängigkeit von den jeweiligen FeO- und MnO-Gehalten in der Schlacke

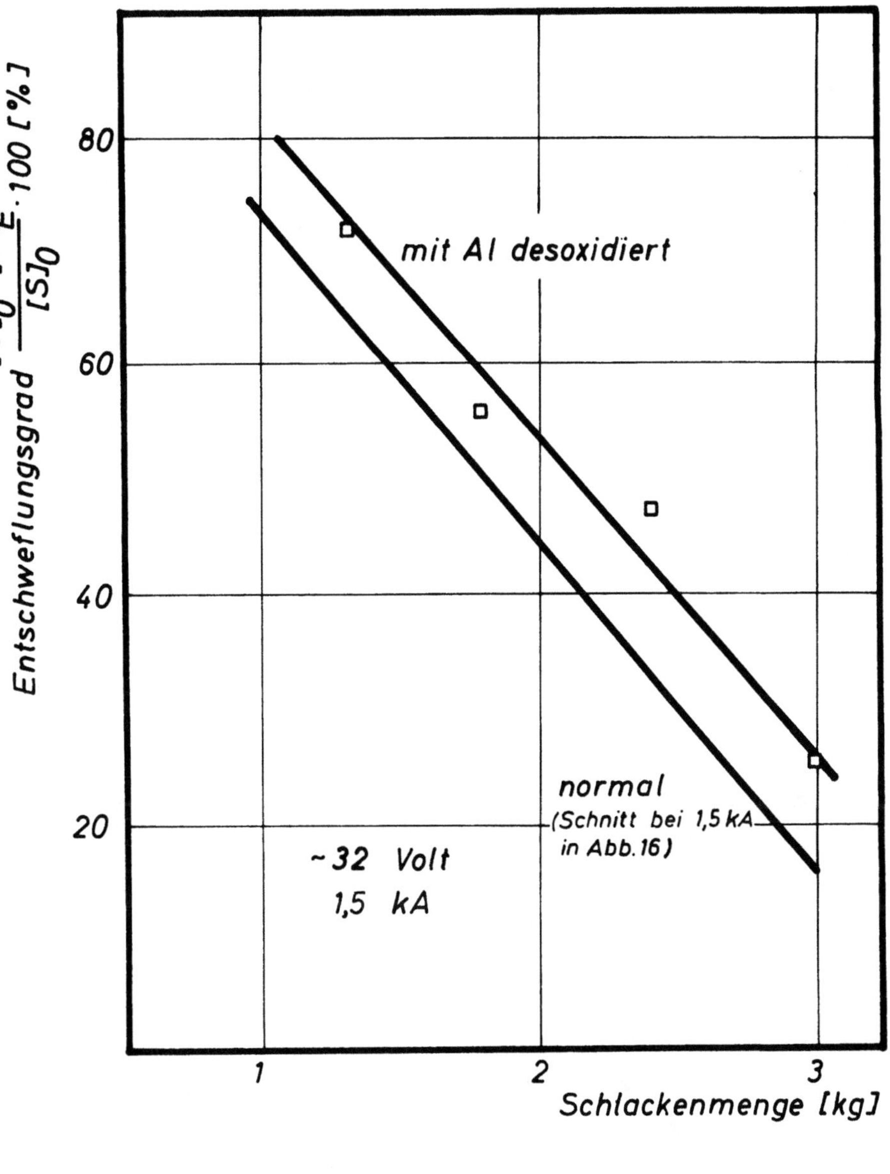

Abb. 32: Einfluß der Aluminiumdesoxidation auf den Entschwefelungsgrad bei verschiedenen Schlackenmengen

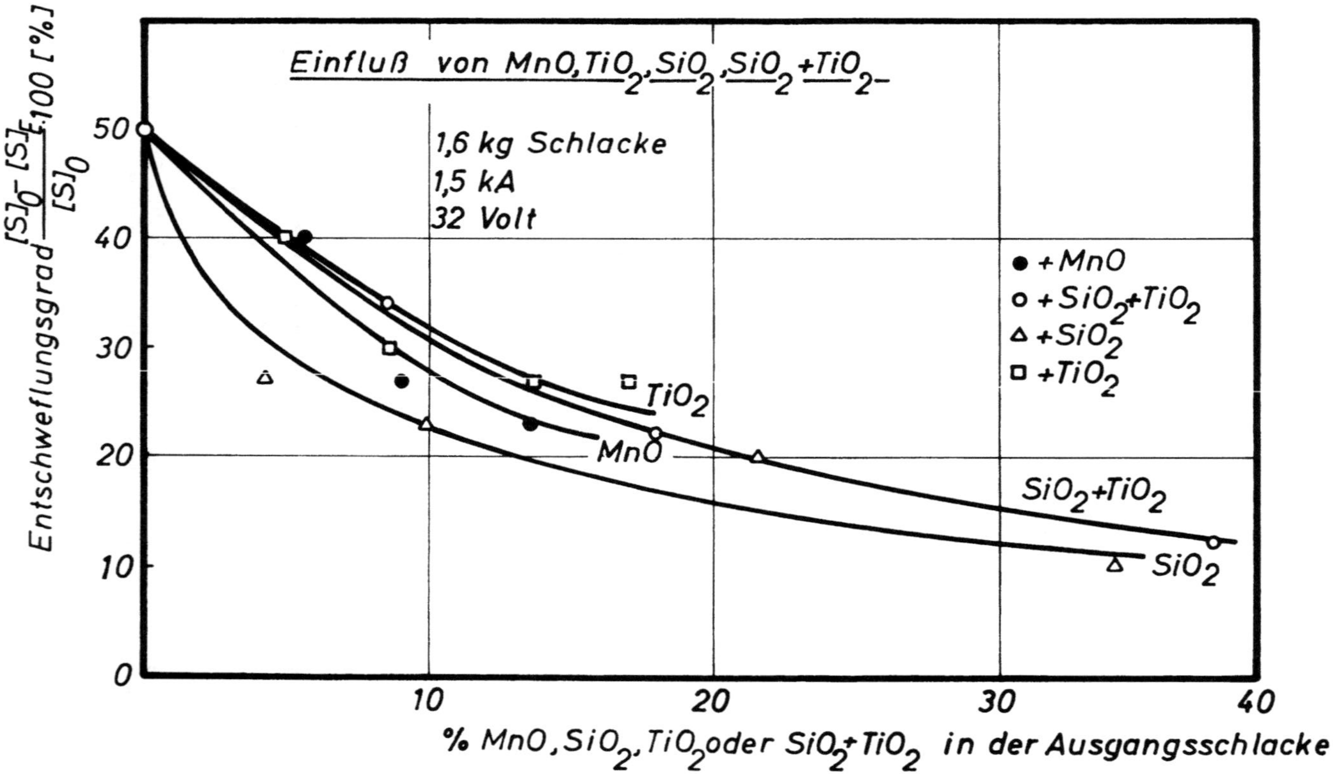

Abb. 33: Beeinflussung des Entschwefelungsgrades durch steigende MnO-, SiO_2-, TiO_2- und $SiO_2 + TiO_2$-Gehalte in den Ausgangsschlacken

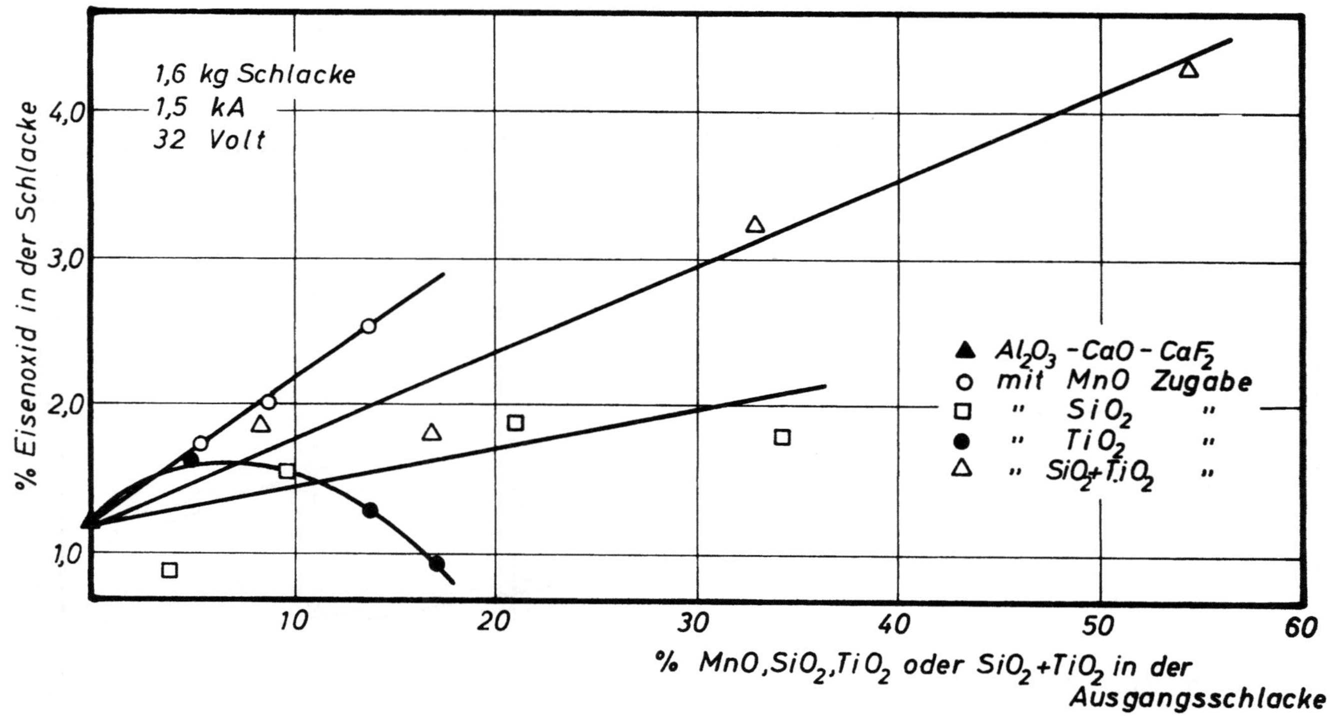

Abb. 34: Eisenoxidgehalt bei normalem Umschmelzen in Abhängigkeit von MnO-, SiO_2-, TiO_2- oder SiO_2 + TiO_2-Gehalten der Ausgangsschlacken

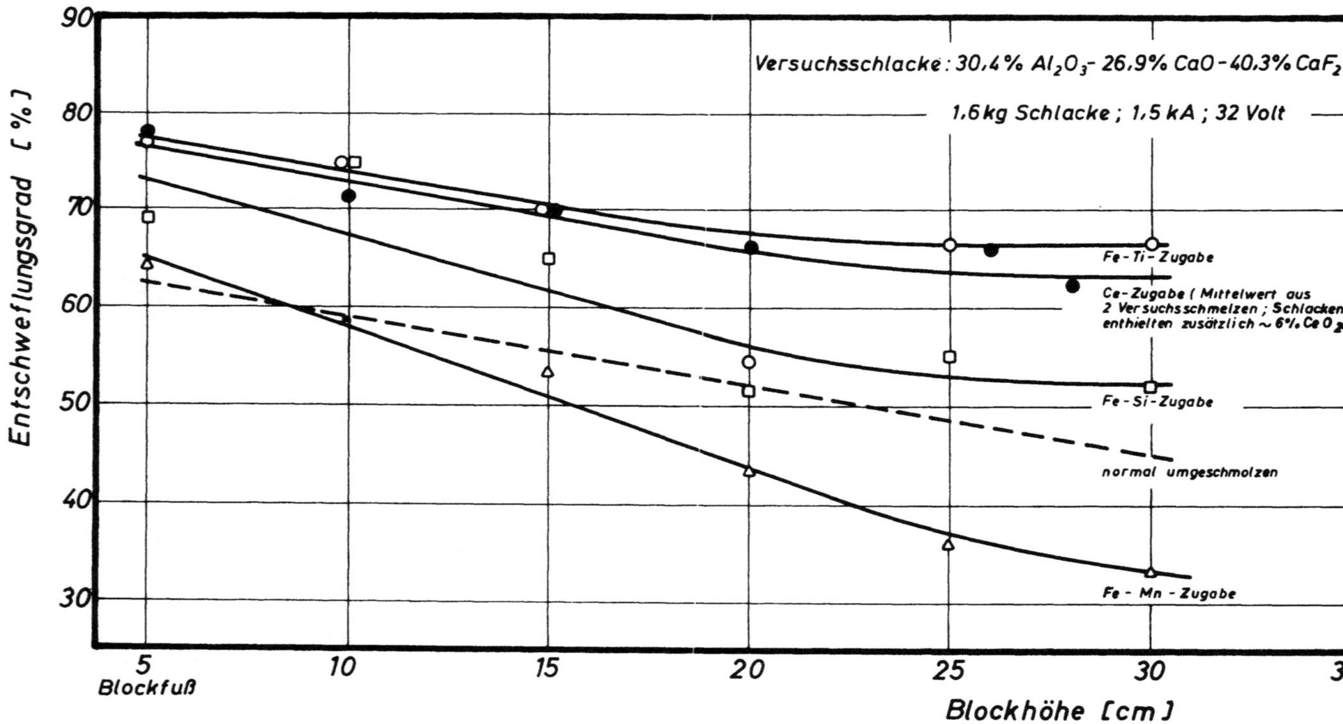

Abb. 35: Entschwefelungsgrad während des Umschmelzens bei gleichzeitigem Zulegieren von Fe-Mn, Fe-Si, Fe-Ti oder Cer

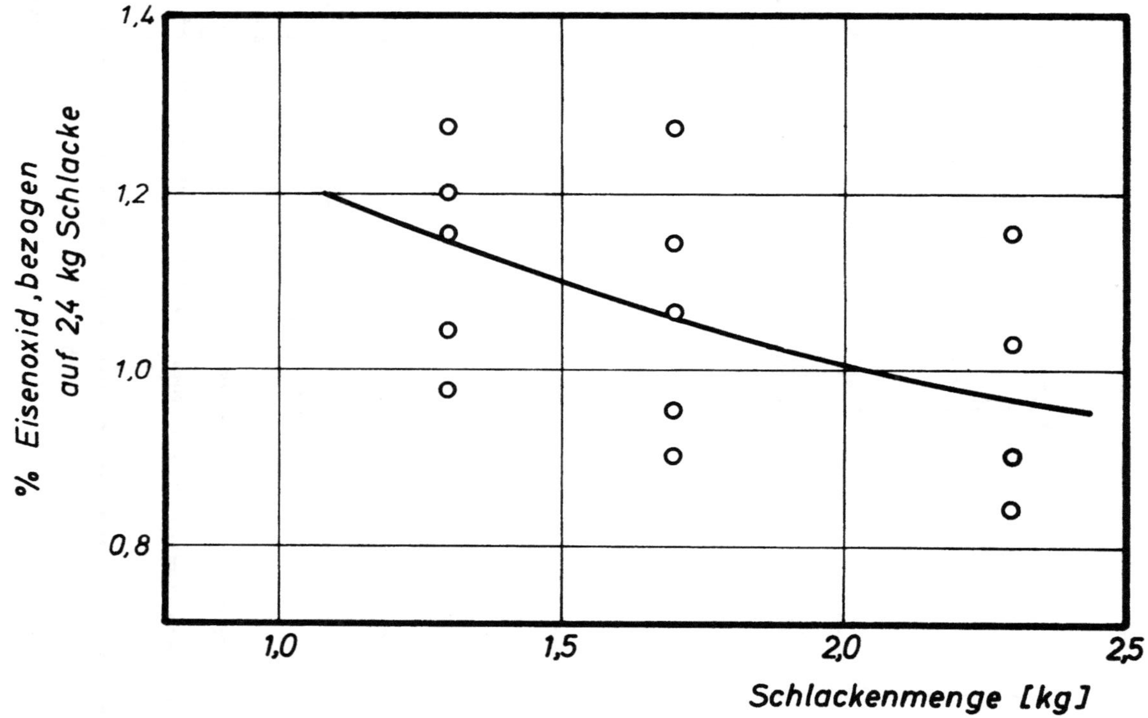

Abb. 36: Zusammenhang zwischen Eisenoxid (bezogen auf 2,4 kg Schlacke) und Schlackenmenge

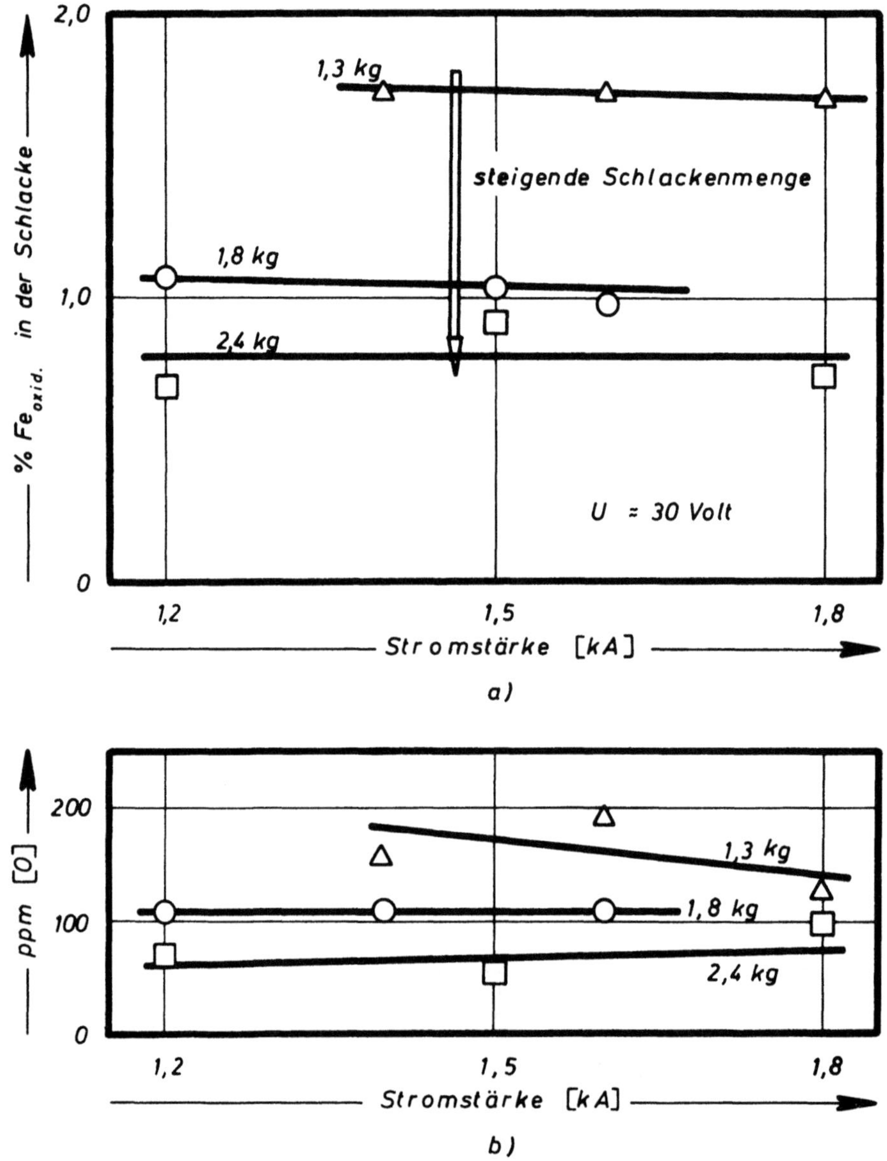

Abb. 37: Der mittlere Gehalt an oxidischem Eisen in der Schlacke (a) und der entsprechende Sauerstoffgehalt im umgeschmolzenen Stahl (b) in Abhängigkeit von Stromstärke und Schlackenmenge

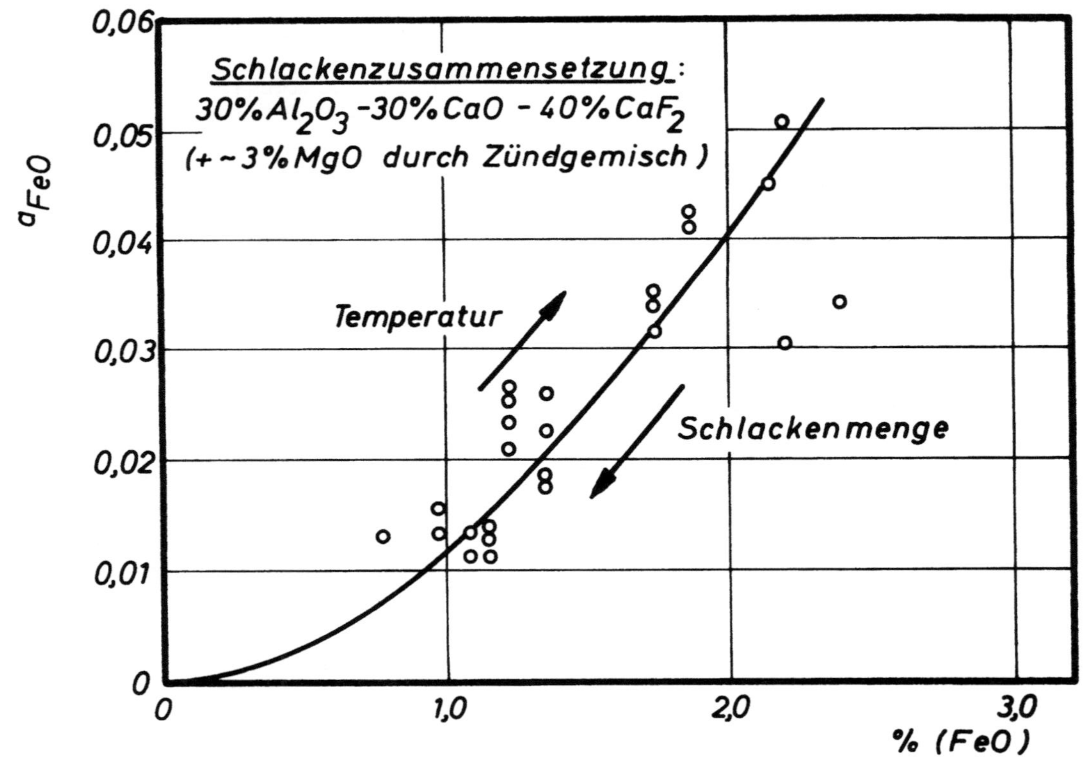

Abb. 38: Die Aktivität des FeO in Schlacken mit 30 % Al_2O_3 - 30 % CaO - 40 % CaF_2

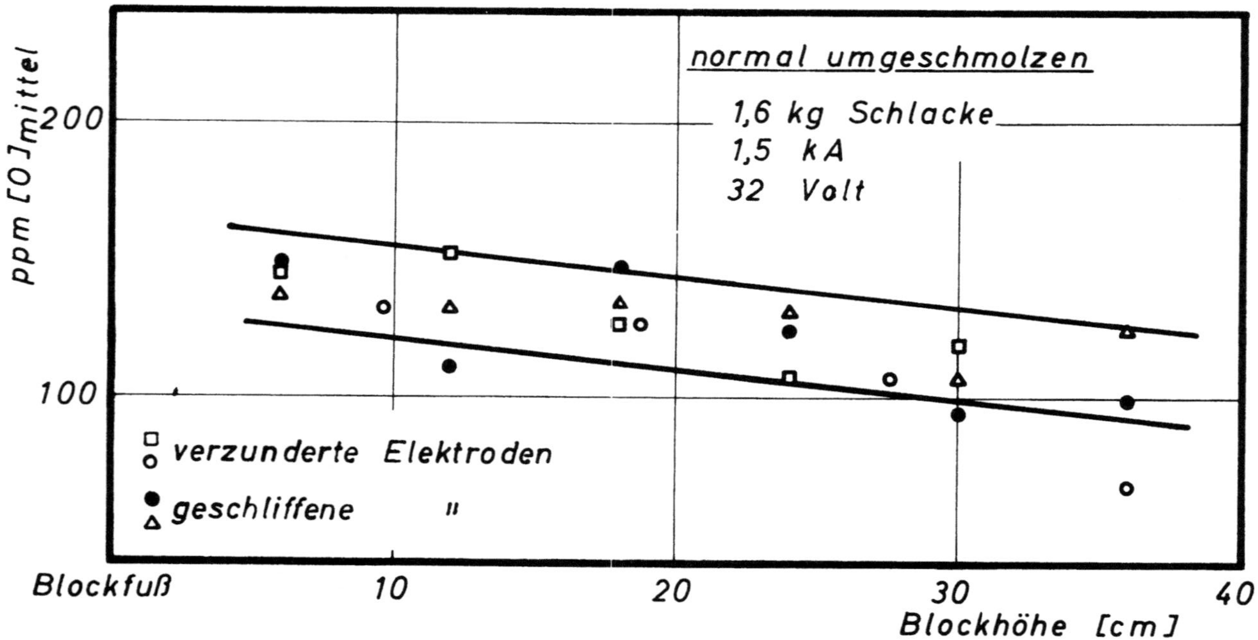

Abb. 39: Mittlere Sauerstoffverteilung über der Blockhöhe beim Umschmelzen unter Luftatmosphäre und bei Verwendung verzundeter und geschliffener Elektroden

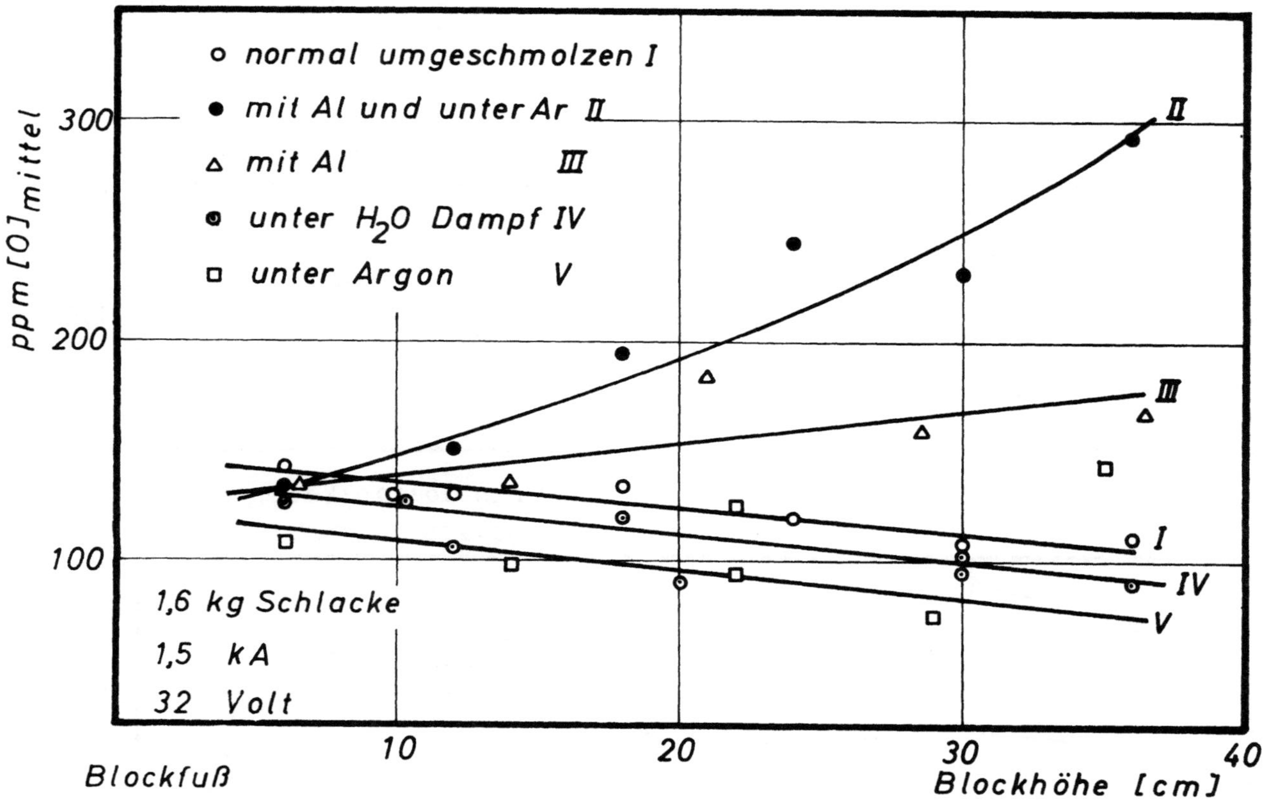

Abb. 40: Mittlere Sauerstoffverteilung über der Blockhöhe bei unterschiedlichen Versuchsbedingungen

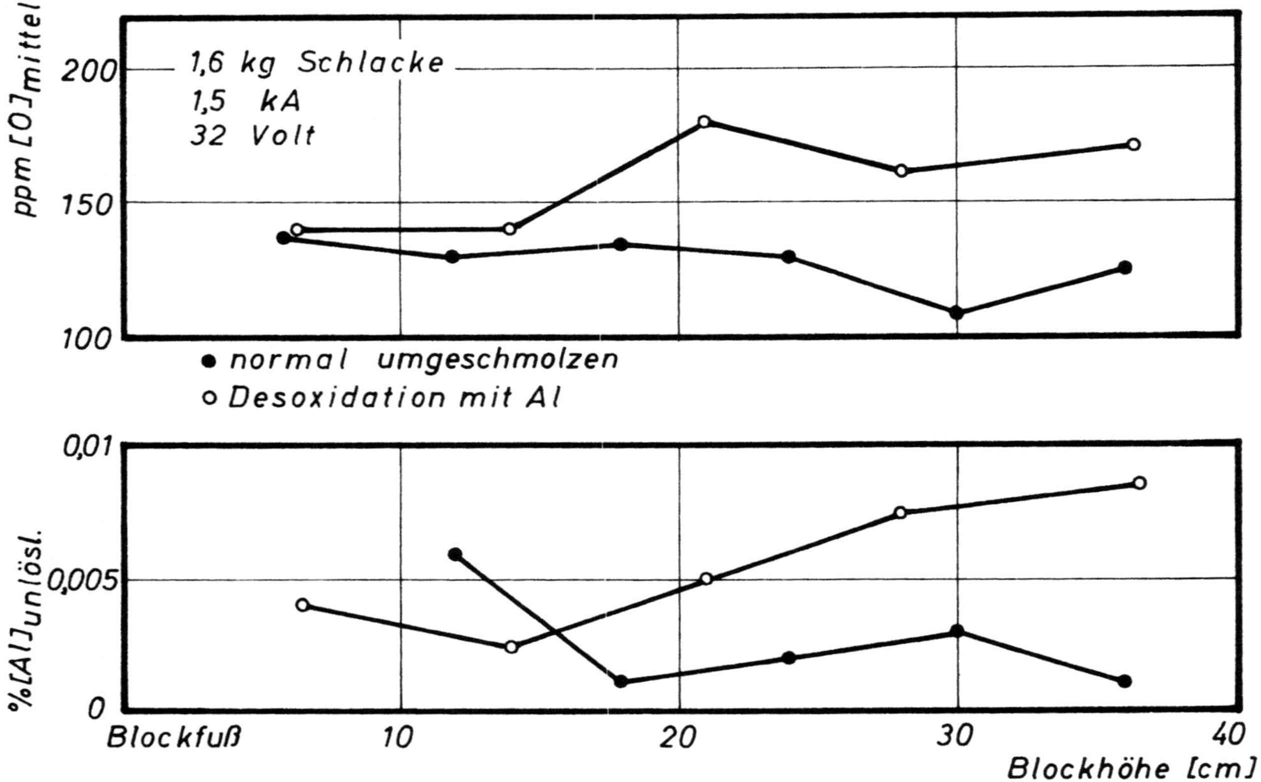

Abb. 41: Zusammenhang zwischen mittlerem Sauerstoffgehalt und unlöslichem Aluminiumanteil über der Blockhöhe bei normalem Umschmelzen und beim Umschmelzen mit gleichzeitiger Aluminiumdesoxidation

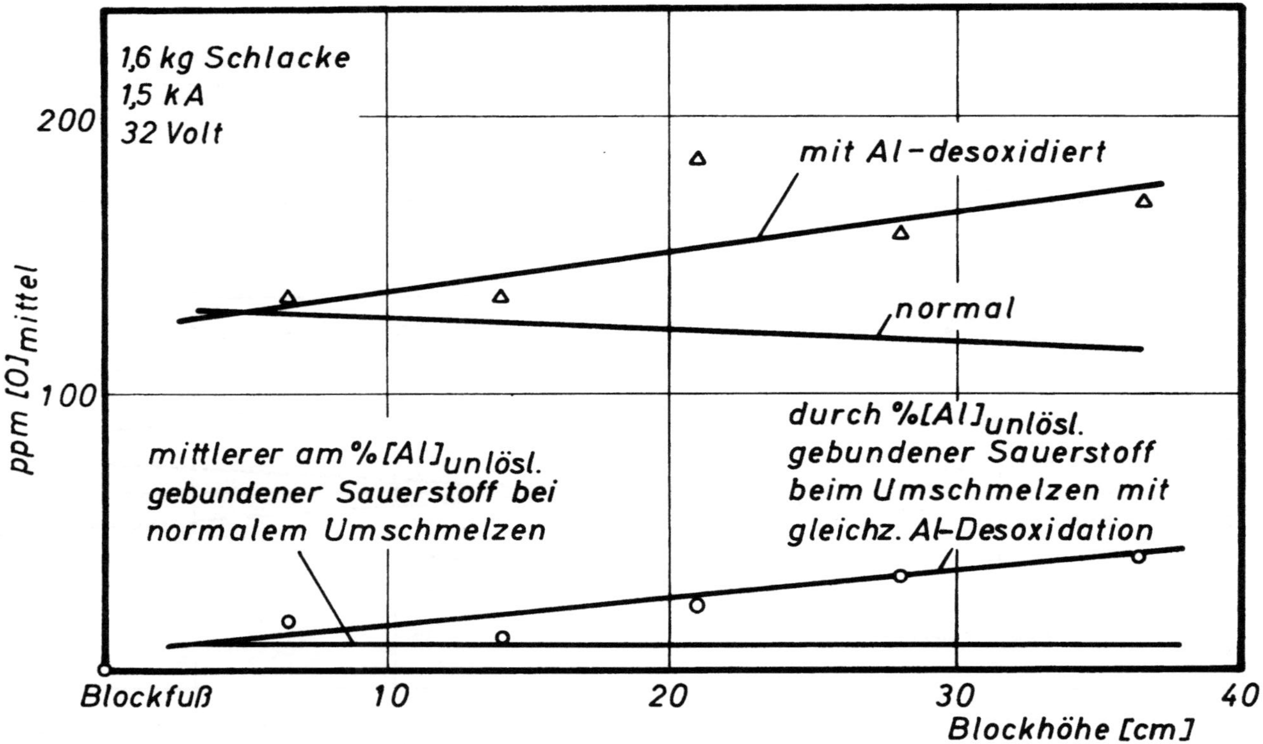

Abb. 42: Anteil des bei normalem Umschmelzen und beim Umschmelzen mit gleichzeitiger Aluminiumdesoxidation am unlöslichen Aluminium gebundenen Sauerstoffs am Gesamtsauerstoff

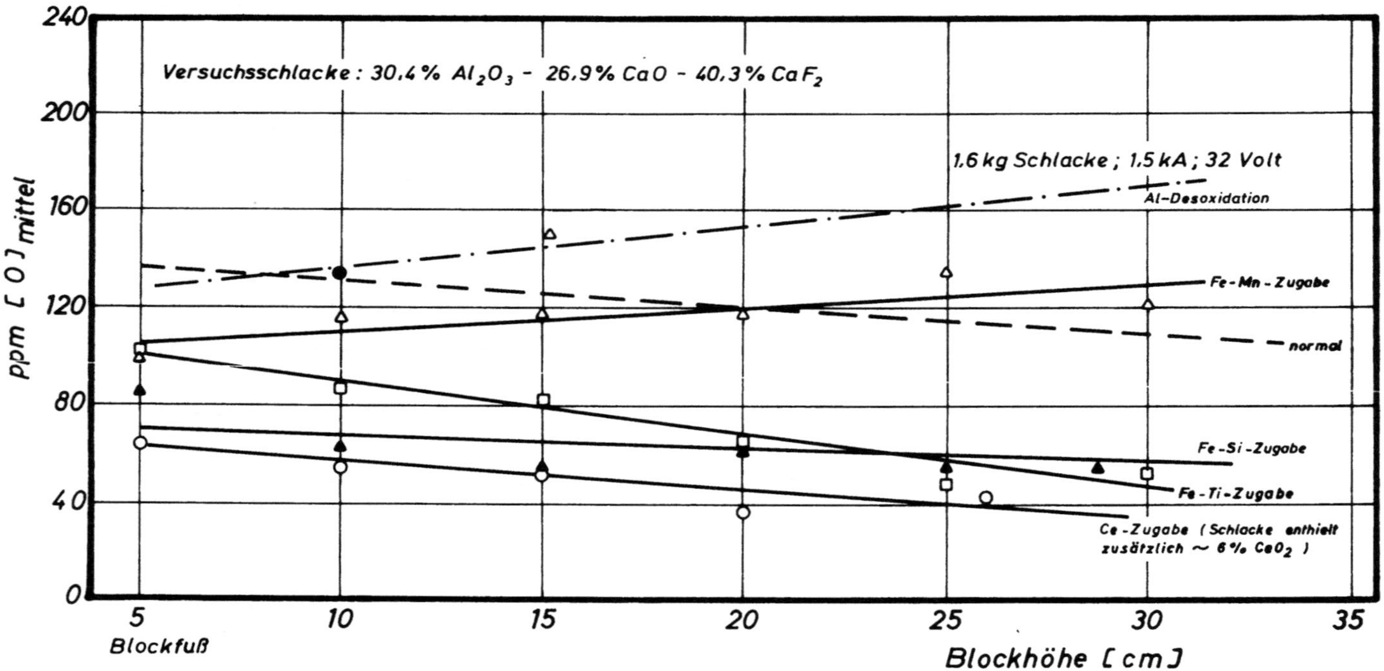

Abb. 43: Mittlere Sauerstoffverteilung über der Blockhöhe beim Zulegieren vom Fe-Mn, Fe-Si, Fe-Ti oder Cer

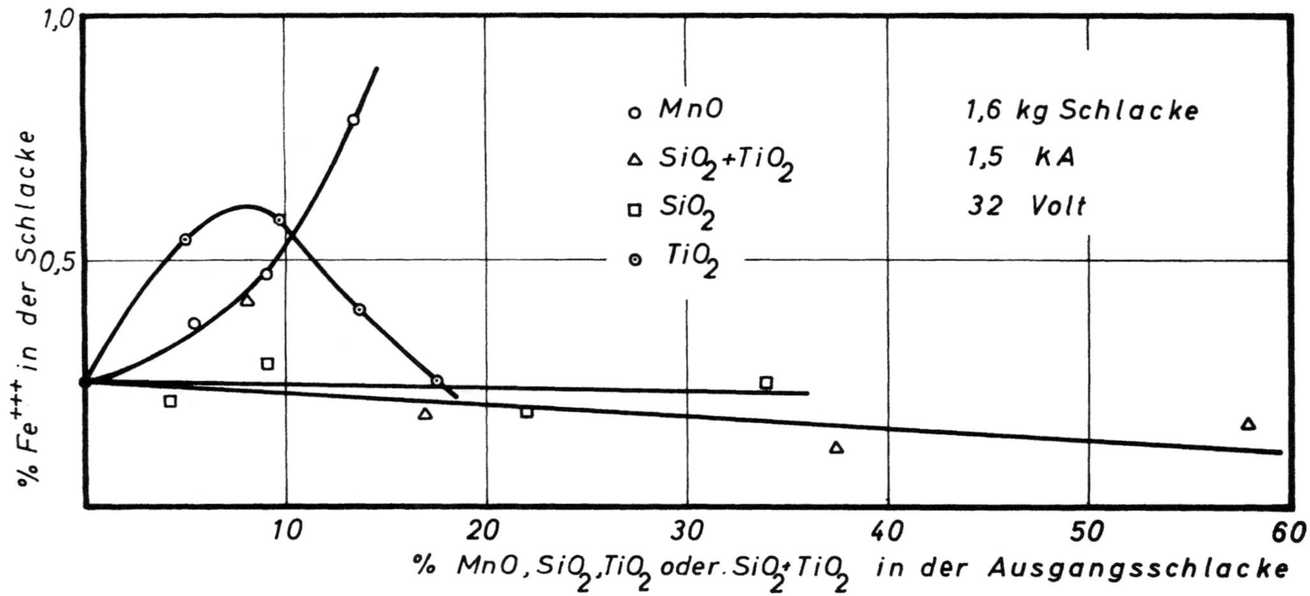

Abb. 44: Zusammenhang zwischen dem nach normalem Umschmelzen vorliegenden dreiwertigen Eisen und den MnO-, SiO_2-, TiO_2- und SiO_2 + TiO_2-Gehalten der Ausgangsschlacken

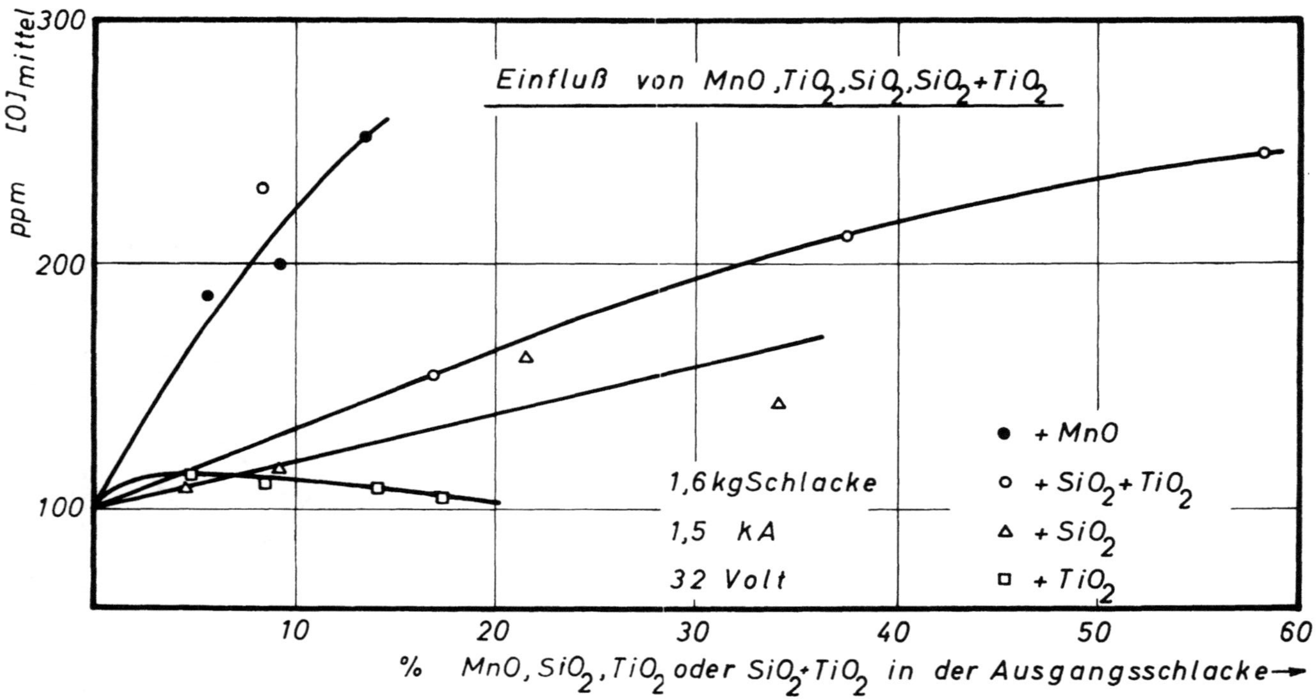

Abb. 45: Abhängigkeit des im geschmolzenen Stahl vorliegenden Sauerstoffgehaltes von den MnO-, SiO_2-, TiO_2- und SiO_2 + TiO_2-Gehalten der Ausgangsschlacken

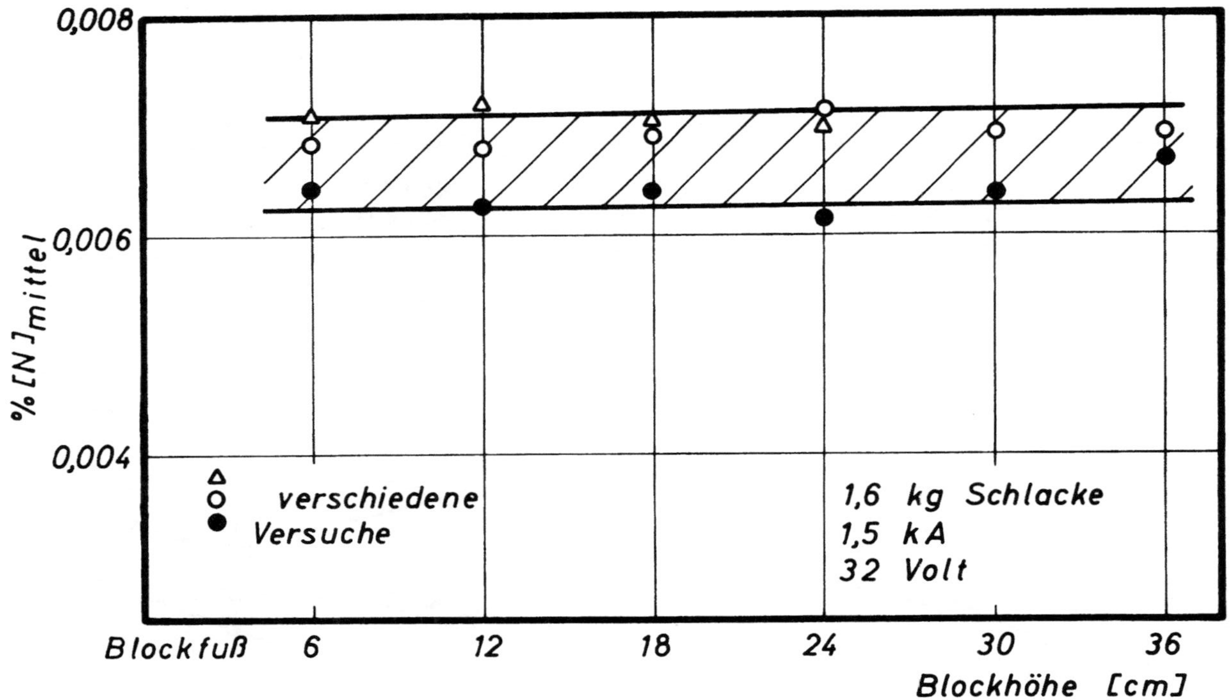

Abb. 46: Stickstoffverteilung über der Blockhöhe bei normalem Umschmelzen und bei Stickstoffausgangsgehalten von 35, 44 und 66 ppm

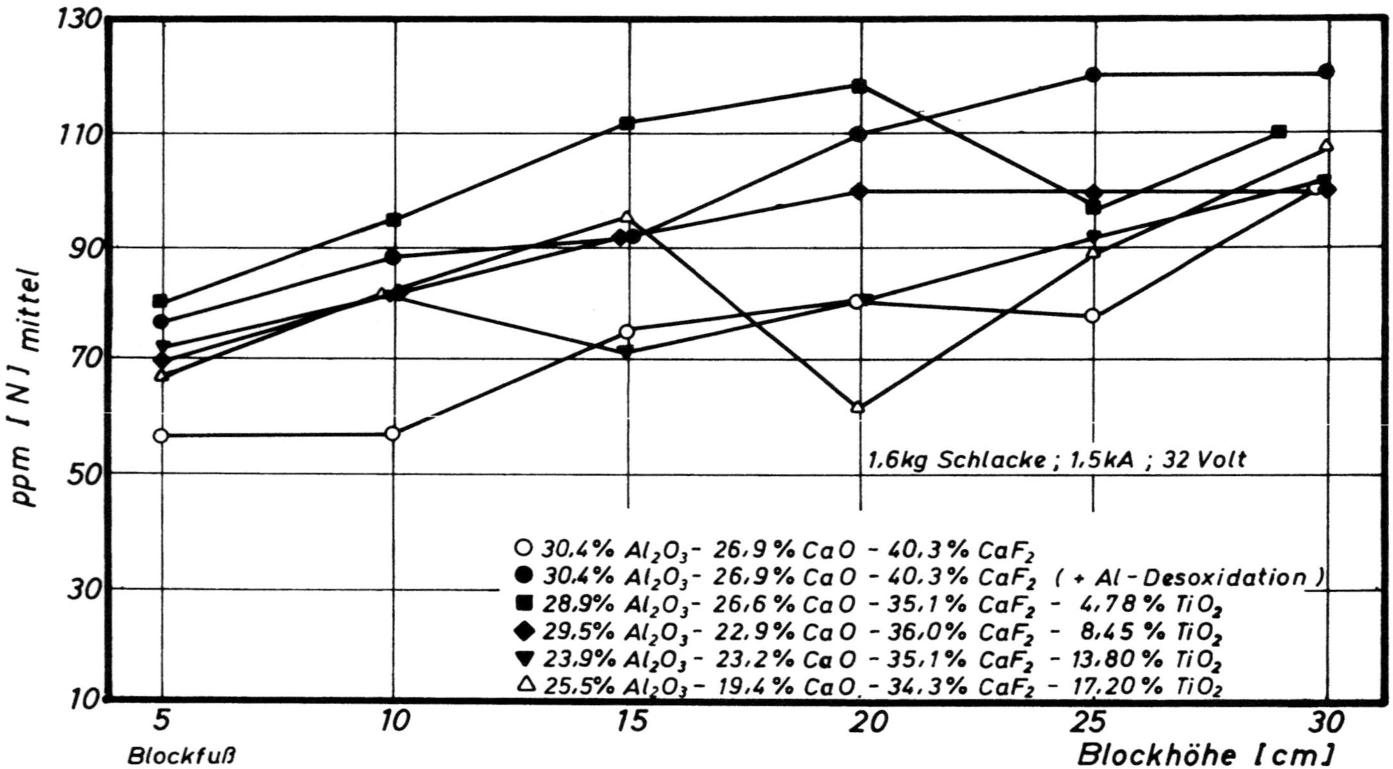

Abb. 47: Die während des Zulegierens von Fe-Ti gelösten mittleren Stickstoffgehalte über der Blockhöhe bei unterschiedlichen Versuchsbedingungen

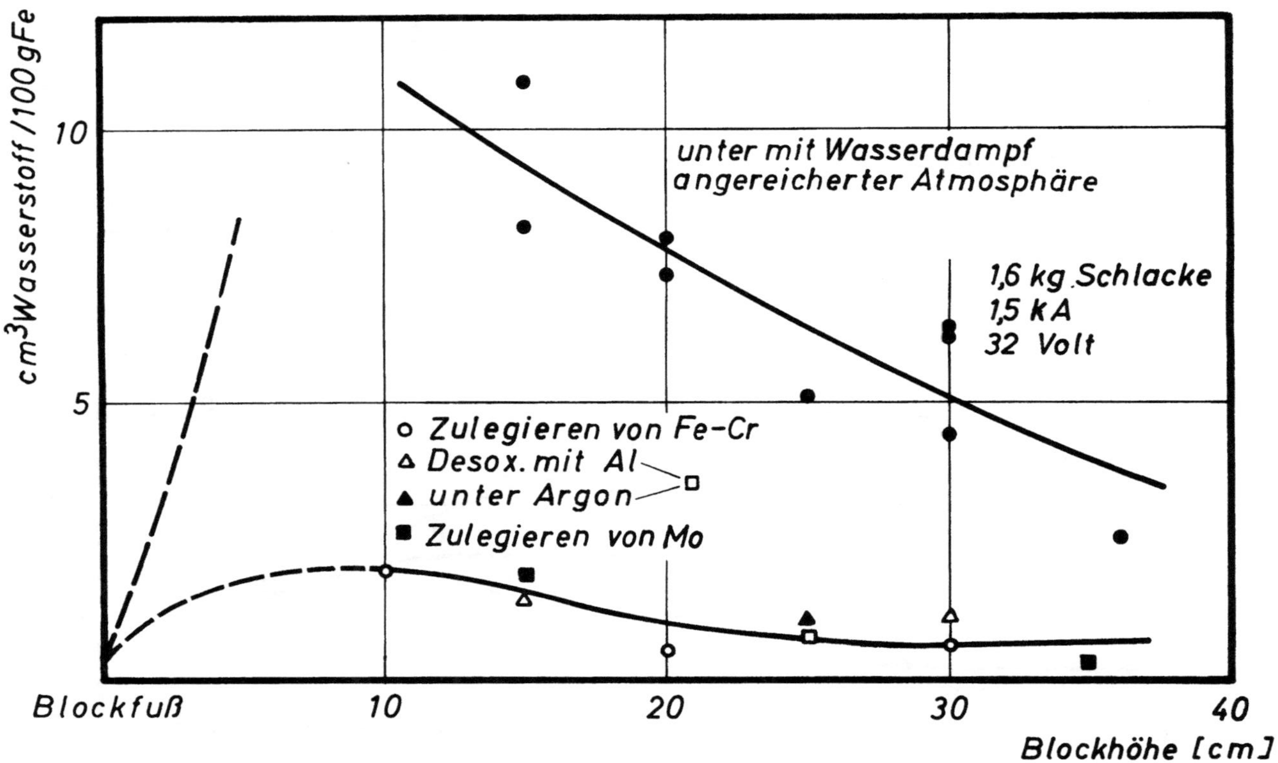

Abb. 48: Die Wasserstoffverteilung über der Blockhöhe bei unterschiedlichen Versuchsbedingungen (Wasserstoffausgangsgehalte: 0,28 - 0,45 cm^3/100 g Fe)

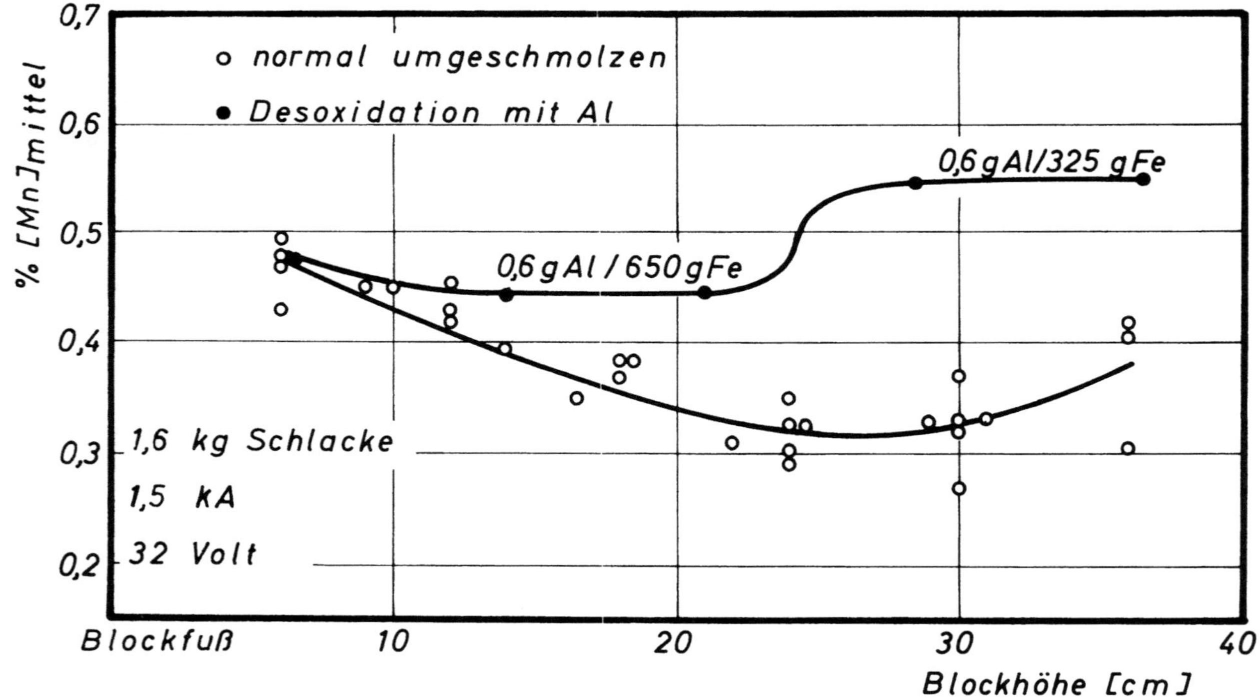

Abb. 49: Änderung des mittleren Mangangehaltes über der Blockhöhe bei normalem Umschmelzen und beim Umschmelzen mit gleichzeitiger Aluminiumdesoxidation (Manganausgangsgehalte: 0,53 - 0,56 %)

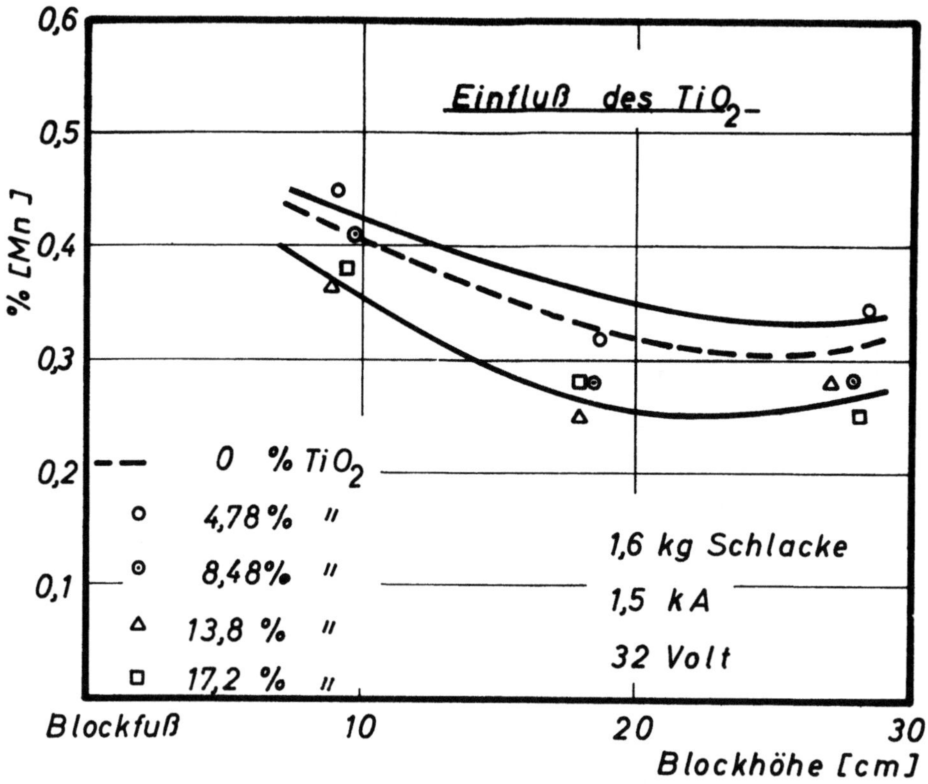

Abb. 50: Die Manganverteilung über der Blockhöhe bei normalem Umschmelzen in Abhängigkeit vom TiO_2-Anteil der Arbeitsschlacken (Manganausgangsgehalte: 0,51 - 0,53 %)

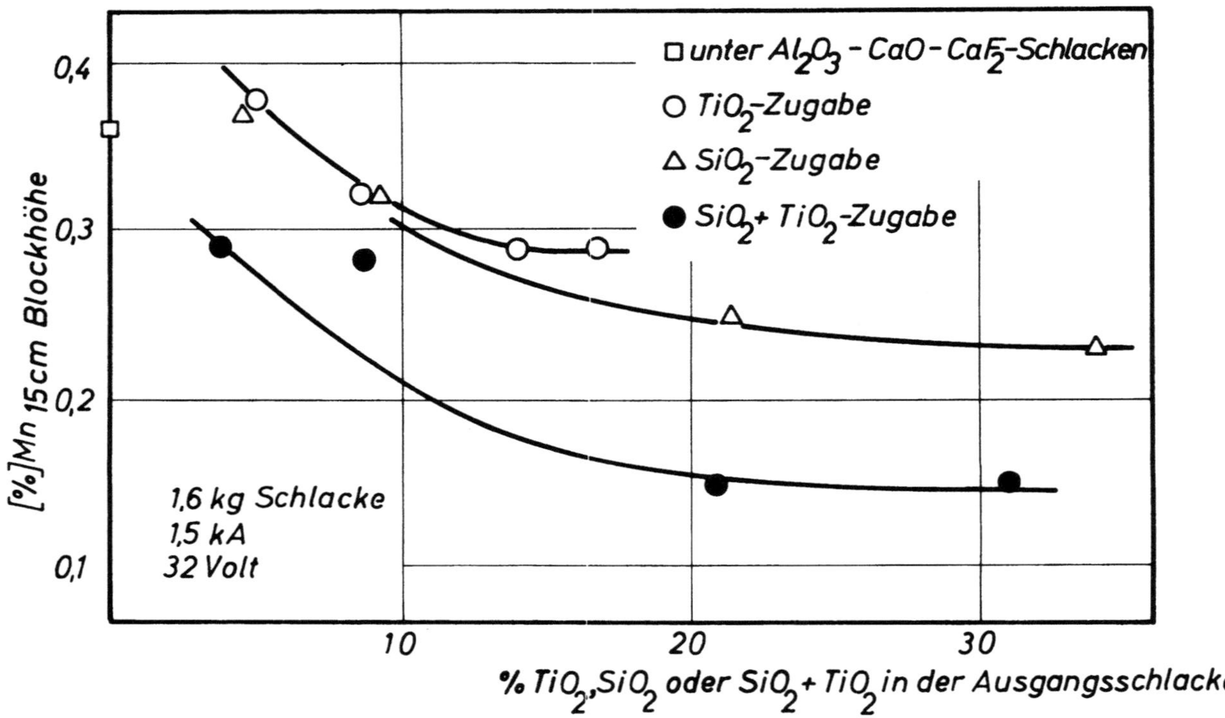

Abb. 51: Mangangehalt in 15 cm Blockhöhe bei normalem Umschmelzen in Abhängigkeit vom TiO_2-, SiO_2- oder SiO_2 + TiO_2-Anteil in den Arbeitsschlacken

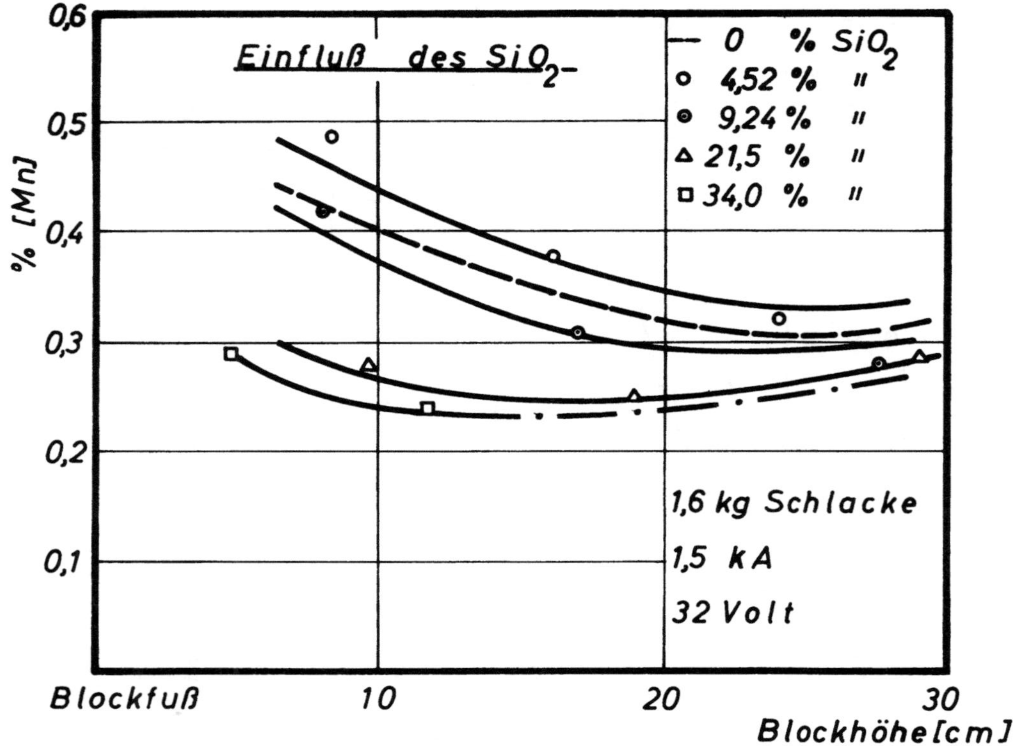

Abb. 52: Die Manganverteilung über der Blockhöhe bei normalem Umschmelzen in Abhängigkeit vom SiO_2-Anteil der Arbeitsschlacken (Manganausgangsgehalte: 0,52 %)

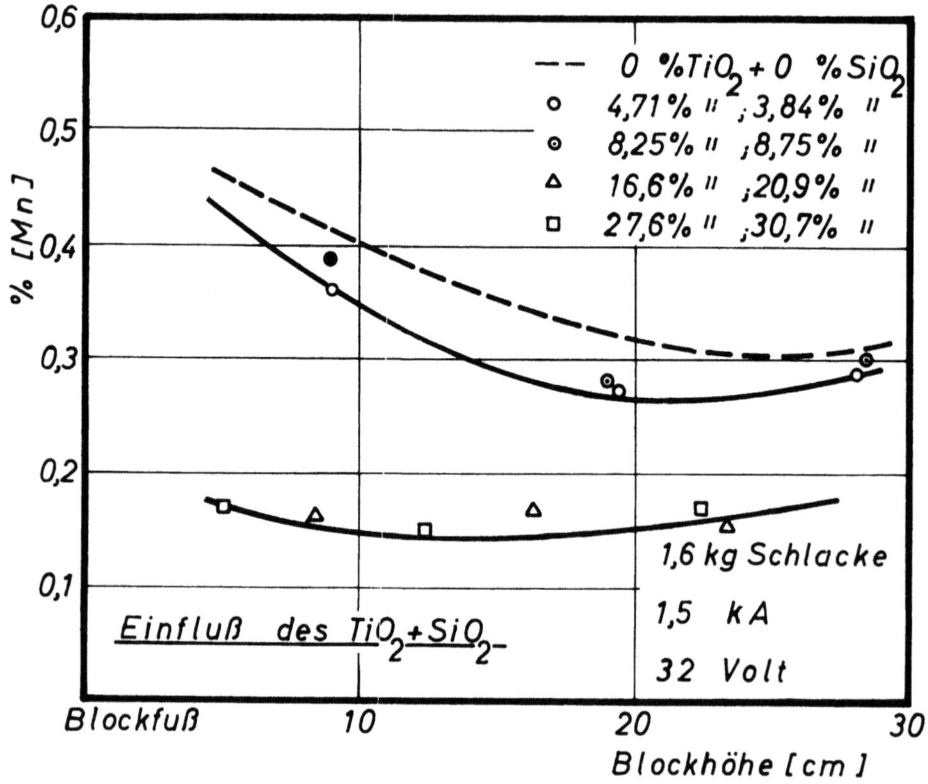

Abb. 53: Die Manganverteilung über der Blockhöhe bei normalem Umschmelzen in Abhängigkeit vom SiO_2 + TiO_2-Anteil der Arbeitsschlacken (Manganausgangsgehalte: 0,48 - 0,52 %)

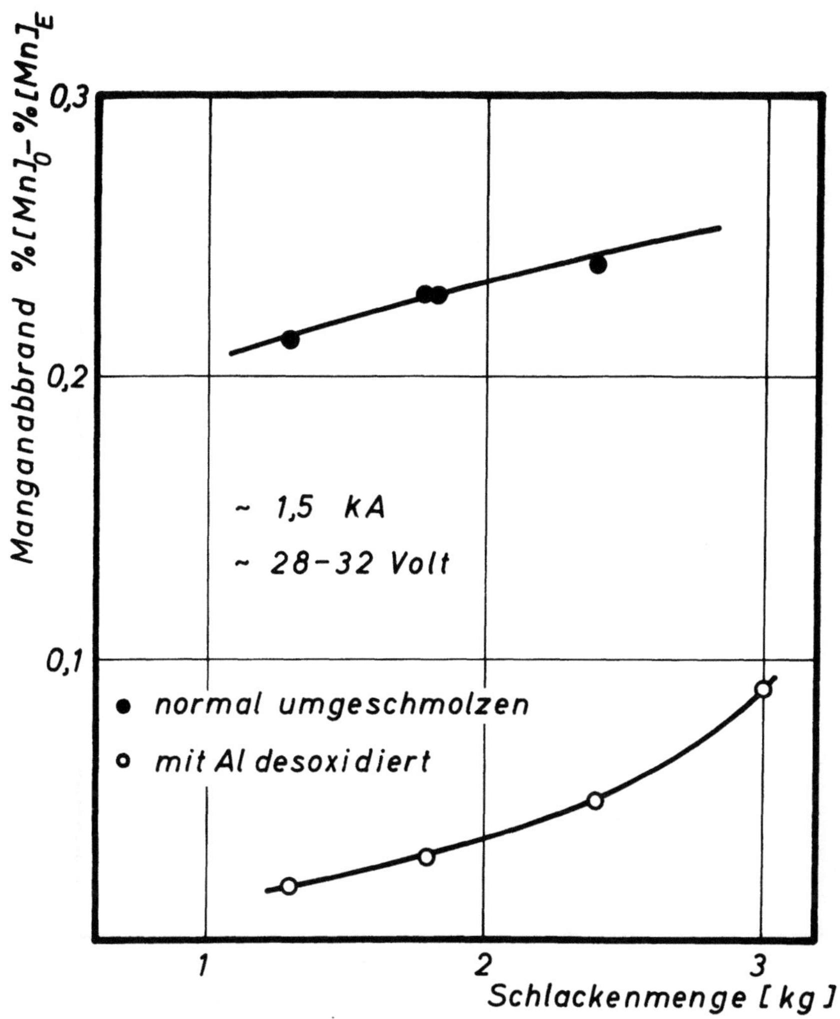

Abb. 54: Einfluß der Aluminiumdesoxidation auf den Manganabbrand bei verschiedenen Schlackenmengen

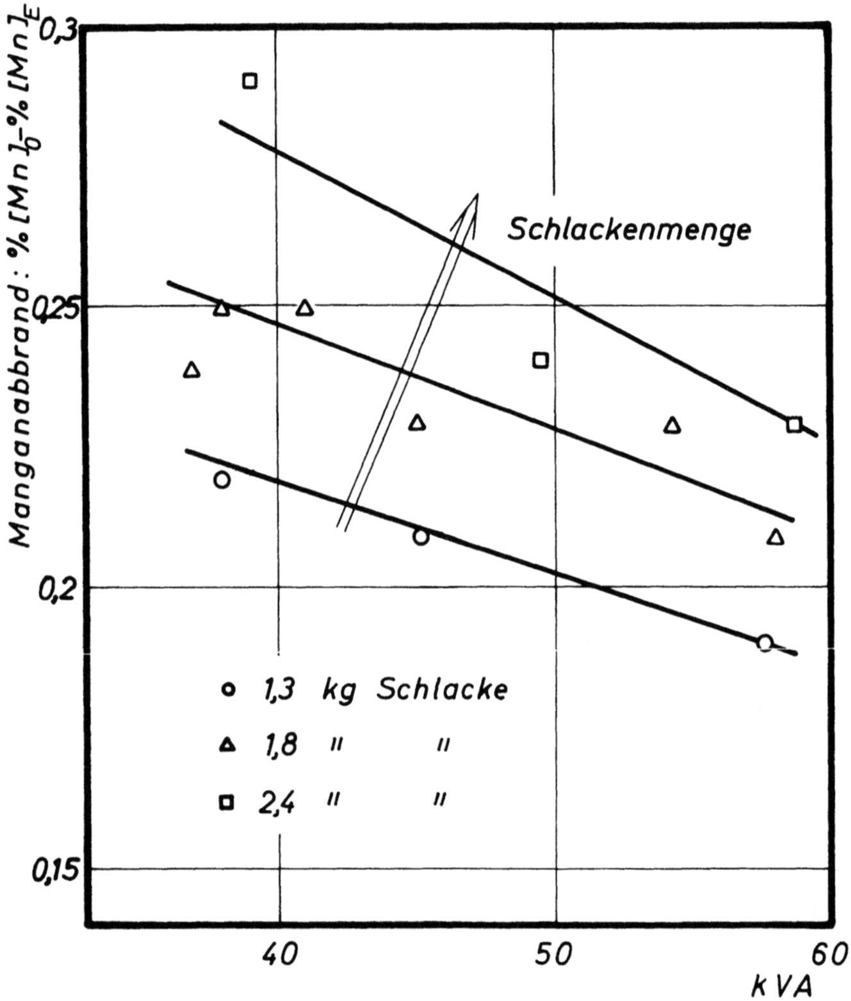

Abb. 55: Abhängigkeit des Manganabbrandes von der aufgebrachten elektrischen Leistung bei verschiedenen Schlackenmengen

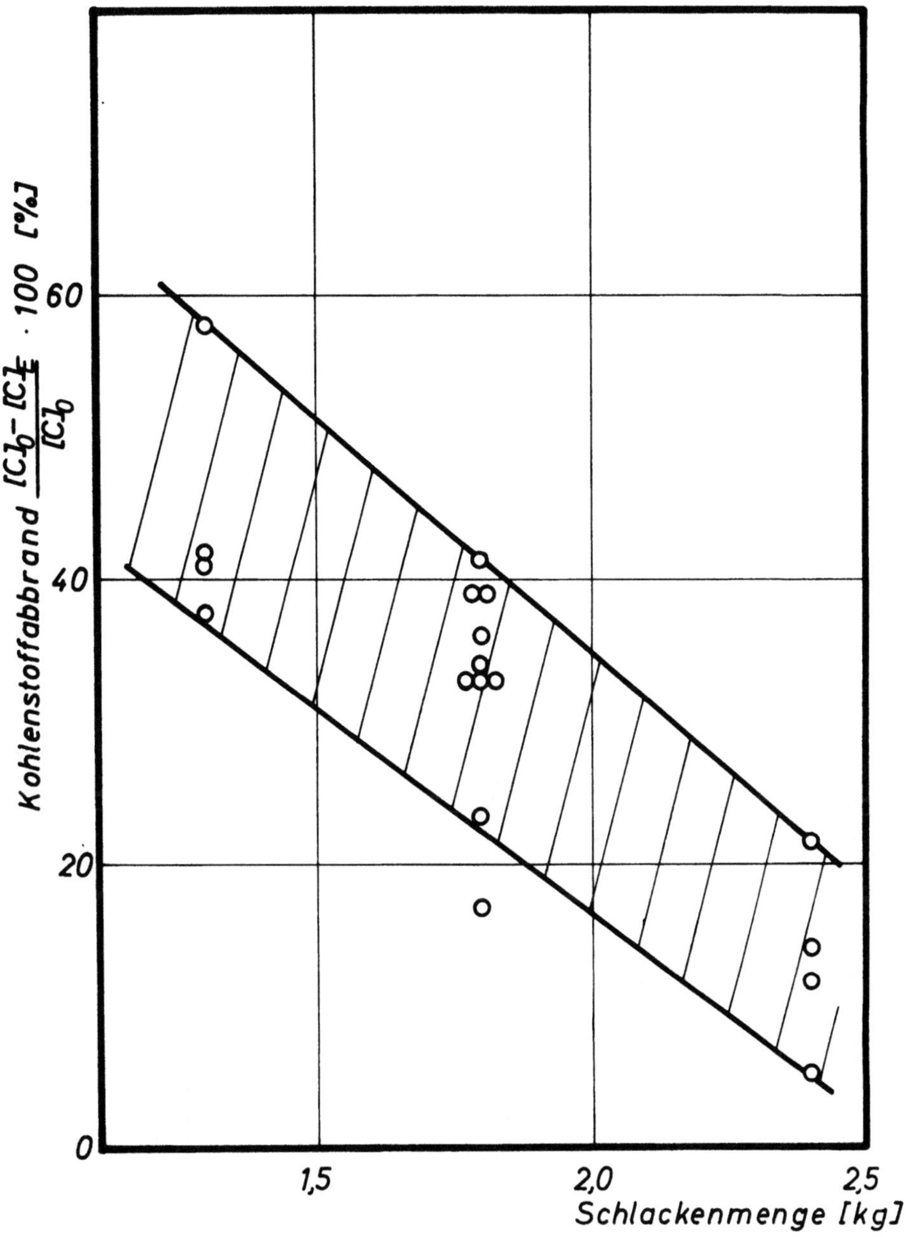

Abb. 56: Zusammenhang zwischen Kohlenstoffabbrand und Schlackenmenge

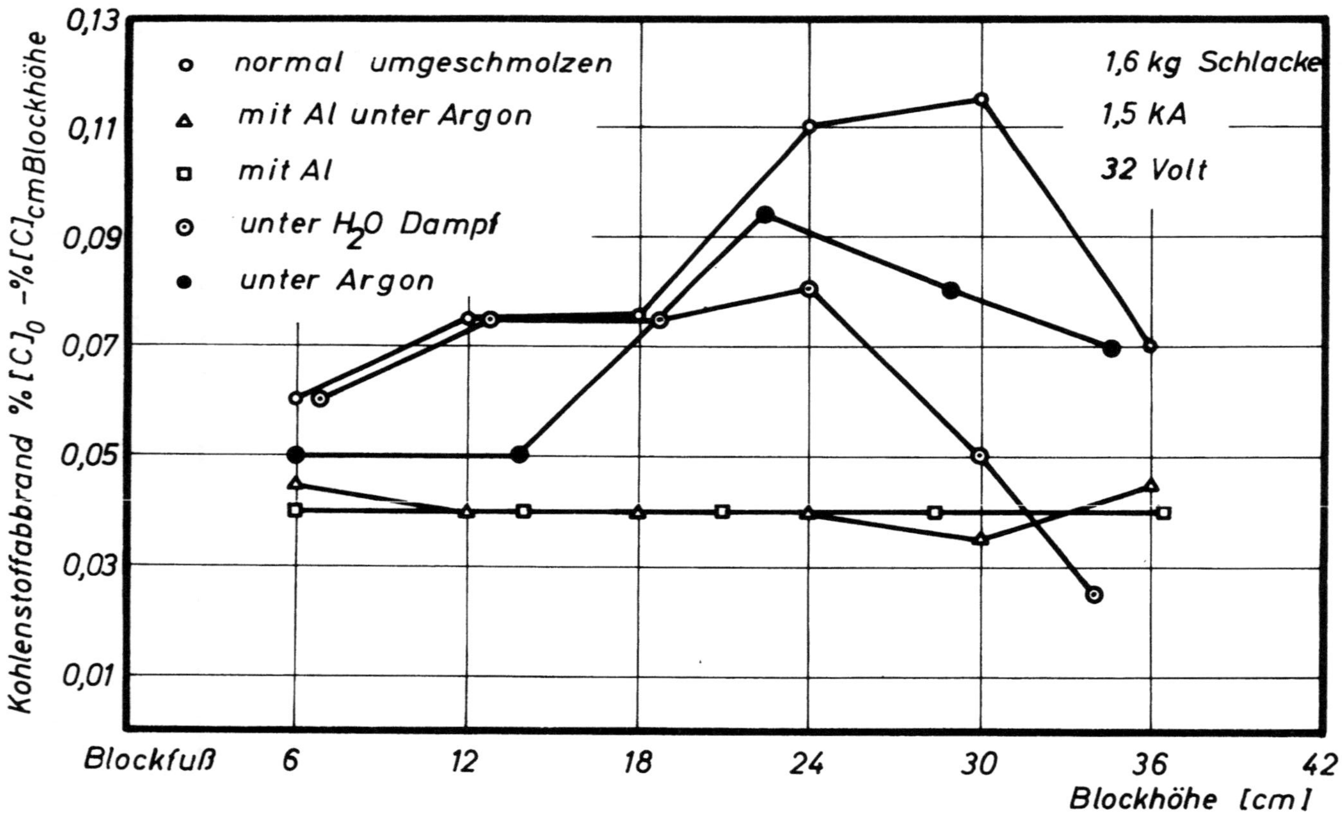

Abb. 57: Mittlerer Kohlenstoffabbrand über der Blockhöhe bei unterschiedlichen Versuchsbedingungen (Kohlenstoffausgangsgehalte: 0,2 - 0,23 %)

GPSR Compliance

The European Union's (EU) General Product Safety Regulation (GPSR) is a set of rules that requires consumer products to be safe and our obligations to ensure this.

If you have any concerns about our products, you can contact us on ProductSafety@springernature.com

In case Publisher is established outside the EU, the EU authorized representative is:

Springer Nature Customer Service Center GmbH
Europaplatz 3
69115 Heidelberg, Germany

Batch number: 10584556

Printed by Printforce, the Netherlands